중학교 입학 가이드

중학교 입학 가이드

:입시까지 연결되는 중등 공부 & 생활 전략의 모든 것

초판 발행 2021년 11월 11일
3쇄 발행 2024년 1월 15일

지은이 배혜림 / 펴낸이 김태헌
총괄 임규근 / 책임편집 권형숙 / 교정교열 노진영 / 디자인 ziwan
영업 문윤식, 조유미 / 마케팅 신우섭, 손희정, 김지선, 박수미 / 제작 박성우, 김정우

펴낸곳 한빛라이프 / 주소 서울시 서대문구 연희로 2길 62 한빛빌딩
전화 02-336-7129 / 팩스 02-325-6300
등록 2013년 11월 14일 제25100-2017-000059호 / ISBN 979-11-90846-26-4 13590

한빛라이프는 한빛미디어(주)의 실용 브랜드로 우리의 일상을 환히 비추는 책을 펴냅니다.

이 책에 대한 의견이나 오탈자 및 잘못된 내용에 대한 수정 정보는 한빛미디어(주)의 홈페이지나 아래 이메일로
알려 주십시오. 잘못된 책은 구입하신 서점에서 교환해 드립니다. 책값은 뒤표지에 표시되어 있습니다.
한빛미디어 홈페이지 www.hanbit.co.kr / 이메일 ask_life@hanbit.co.kr
한빛라이프 포스트 post.naver.com/hanbitstory / 인스타그램 @hanbit.pub

지금 하지 않으면 할 수 없는 일이 있습니다.
책으로 펴내고 싶은 아이디어나 원고를 메일(writer@hanbit.co.kr)로 보내 주세요.
한빛라이프는 여러분의 소중한 경험과 지식을 기다리고 있습니다.

입시까지 연결되는 **중등 공부 & 생활 전략**의 모든 것

중학교 입학 가이드

· 배혜림 지음 ·

HB 한빛라이프

초6 여름방학부터
중학교 입학 준비 시작하세요

초등학교 6학년이 되면 아이도 부모도 중학교에 대해 궁금함과 불안함이 생깁니다. 특히, 중학교부터는 성적이 나온다고 하니 마음이 더욱 불안해질 수밖에 없습니다.

갓 6학년이 되었을 때는 실감하지 못하다가, 여름방학이 시작될 즈음부터 중학교에 가서 어떻게 생활해야 할지, 공부를 어떻게 해야 할지 불안해지기 시작합니다.

중학교부터는 초등학교와 비교해 많은 것이 달라질 수밖에 없습니다. 선생님의 분위기마저 다릅니다. 그에 비해 중학교에 적응하면 고등학교는 중학교와 비슷한 부분이 많아 금방 익숙해집니다. 그래서 고등학교 못지않게 중학교 입학도 철저히 준비해야 합니다.

늦어도 6학년 여름방학부터는 중학교 입학 준비를 해야 합니다.

중학교 입학 준비 중 가장 큰 비중을 차지하는 것은 공부를 위한 학습 습관입니다. 초등학교 때까지는 학기 말 생활통지표에 과목별로 갖춰야 할 능력에 대한 성취 정도가 표시되지만, 중학교부터는 모든 항목이 점수화되어 성적으로 산출됩니다. 다행인지 불행인지 중학교 1학년은 자유학년제이기 때문에 대부분 별도의 지필 평가를 치지 않고, 최소한의 평가를 위해 수행 평가 등은 실시하는 편입니다. 이런 평가에 대비하기 위해서 학습 습관을 잡아야 합니다.

　그렇다고 중학교 입학 준비를 너무 일찍부터 시작하는 것은 권하지 않습니다. 아이가 힘들어 시작하기도 전에 포기하지 않도록 여름방학부터 학습 습관을 잡기 시작하면 됩니다. 이 책에는 중학교 생활 중 학습과 관련된 내용을 많이 담으려 애썼습니다. 책을 읽으면서 천천히 학습 습관을 잡기 시작하세요.

Chapter 1에서는 중학교 생활 준비를 위한 내용을 다루고 있습니다. Chapter 2에서는 일 년간의 중학교 생활을 살짝 엿볼 수 있을 것입니다. Chapter 3은 중학교 3년간의 공부를 위해 무엇을 갖춰야 하는지, 그 로드맵 준비에 관한 내용입니다. Chapter 4에서는 중학교 현직 선생님들이 말하는 과목별 공부법, Chapter 5와 6에서는 중학 생활을 슬기롭게 보내기 위한 학부모, 학생 가이드를 담았습니다. 또 제가 가르치고 있는 학생들의 실제 목소리도 담아 최대한 학생들의 상황을 이해할 수 있기를 바랐습니다. 마지막으로 고등학교 진학 가이드까지, 중학교 생활을 잘하기 위해 필요한 것들을 최대한 많이 담으려 했습니다.

중학교가 초등학교에 비해 다른 점이 많긴 하지만 미리 겁먹을 필요는 없습니다. 이 책에서 안내하는 내용을 참고로, 차근차근 준비하면 슬기롭게 중학 생활을 이어갈 수 있을 거예요. 예비 중학생, 학부모님, 모두 힘내세요!

Chapter 2.
학교생활, 아는 만큼 보인다

Chapter 3.
중학교 3년 공부 로드맵

Chapter 4.
중학교 과목별 공부법

Chapter 5.
중학교 학부모 가이드

Chapter 6.
중학교 학생 가이드

초등학교 6학년,
중학교 3년을 좌우한다

중학교는 초등학교와
확실히 다르다

· · ·

중학생, 말만 들어도 마음이 복잡하리라 생각합니다. 초등학교에 입학한 것이 엊그제 같은데 벌써 중학생이 된다니 말입니다.

중학생은 여러모로 초등학생과는 다릅니다. 교복도 입고, 어린이에서 청소년이 됩니다. 그뿐인가요. 사춘기도 시작됩니다. 착하고 순했던 내 아이는 어디 가고 매일 투덜거리고 짜증만 내는 낯선 아이가 눈앞에 있습니다.

중학생이 됐다고 이제 아이가 알아서 자기 일을 잘할 것으로 생각하면 안 됩니다. 중학생이라도 아직 어린아이입니다. 아이가 혼자서 알아서 잘할 거로 생각하지 마세요. 어느 정도는 놓아주더라도 묵묵히 곁에서 지켜보면서 한편으론 언제든 아이를 도와줄 준비가 되어 있어야 합니다.

6학년은 애매한 시간입니다. 아직 초등학생이라 어린이지만 동시에 중학생이 될 준비를 하는 청소년이기도 합니다. 신체적으로는 청소년에 더 가깝습니다. 아이들은 중학교가 처음이기 때문에 중학교 생활이나 중학생이 어떻게 해야 하는지 등을 잘 모릅니다. 이때 준비를 도와줄 안내자가 필요합니다. 가장 가까이서 지켜보고 도와줄 사람은 부모겠지요. 아이의 학교생활을 돕기 위해서 'Chapter 5. 중학교 학부모 가이드'를 참고하시기 바랍니다. 물론 중학생은 부모 의도대로 따라오지 않습니다. 그래도 앞으로 일어날 일을 미리 알고 아이의 학교생활에 대한 방향을 잡아주는 것과 전혀 모르고 같이 우왕좌왕하는 것은 다릅니다.

▎ 생활의 전부가 성적으로 환산되는 중학교

중학교가 초등학교와 다른 점 중 하나는 중학생이 되면 '성적'이 점수로 드러난다는 것입니다. 초등학생 때까지는 반별로 담임선생님이 아이들의 학습 정도를 평가하고, 평가라고 해봤자 단원 평가를 치는 정도였습니다. 이 평가는 반별로 다 다르고, 아이의 수준이 어느 정도인지 정확하게 확인하기도 힘듭니다.

하지만 중학교는 다릅니다. 물론 중학교 1학년 1학기 때는 자유학기제 기간이라 성적이 산출되지 않습니다. 그러나 수업 태도를 통해 성적을 가늠할 수 있습니다. 중학교 1학년 2학기부터 지필 평가와 수행 평가를 통해 성적표에 성적이 점수화되어 기록됩니다. 초등학교 때는 정확하게 알 수 없었던 아이 수준이 제대로 파악되는 것입니다.

그뿐 아닙니다. 중학교는 학교생활의 전부가 성적이 됩니다. 중학교 성적은 고등학교 입학에 영향을 미칩니다. 출결이나 상장도 점수화됩니다. 그래서 출결이나 상장을 관리하는 기준도 초등학교 때보다 더 엄격하고 깐깐합니다. 초등학교 때까지는 출결이 자유로운 편이었습니다. 그런데 중학교에서는 수업 시간 지각, 조퇴, 결과, 결석 등의 출결 상황이 점수가 됩니다. 상장도 마찬가지입니다. 교내 상을 받으면 그것 역시 고입 내신 성적 산출 시 가산점으로 계산됩니다. 수업 중의 활동도 마찬가지입니다. 수행 평가가 점차 강화됨에 따라 수업 중 다양한 활동을 평가받게 됩니다. 수행 평가의 채점 기준에 따라 아이의 수업 중 활동이 점수가 되는 것입니다.

공부의 양과 깊이가 다르다

중학생이 되면 초등학생 때보다 공부의 양과 깊이가 넓고 깊어집니다. 초등학교 6년 동안은 중고등학교에서 배울 과목의 기초를 닦고, 공동체의 일원으로 살아가기 위한 기본 소양을 갖추는 시기입니다. 그런데 중학교는 초등학교 때 배운 과목의 기초를 토대로 깊이 있게 다루고, 공동체적 기본 소양을 다양한 상황에 맞게 익히는 시기입니다.

아래 표는 교육과정에서 제시한 학교 급별 교육 목표입니다. 초등학교와 중학교의 교육 목표가 다르죠? 교육 목표에 따라 교육 방법도 달라집니다.

학교 급별 교육 목표	
초등학교	중학교
학생의 일상생활과 학습에 필요한 기본 습관 및 기초 능력을 기르고 바른 인성을 함양하는 데에 중점을 둔다.	초등학교 교육의 성과를 바탕으로, 학생의 일상생활과 학습에 필요한 기본 능력을 기르고 바른 인성 및 민주 시민의 자질을 함양하는 데에 중점을 둔다.

6년이라는 긴 시간을 보내는 초등학교와 다르게 중학교는 3년이라는 짧은 호흡으로 학교생활을 합니다. 중학교 1학년은 중학교 적응, 2학기부터 본격적인 평가가 시작되고, 2학년은 내신시험으로 공부 시스템에 완전히 익숙해지는 과정을 거치고, 3학년은 고등학교 대비를 하는 등 매 학년의 특성이 뚜렷합니다. 중학생은 각 학년의 특성에 맞게 적응해야 합니다. 그래서 미리 몸과 마음을 준비해서 입학하는 것이 좋습니다. 너무 긴장할 필요는 없지만, 중학교에 대해 알고 대비는 해야 합니다.

우선 국·영·수의 기본부터 제대로 다집니다. 뒤에 소개할 6학년 공부 계획 세우기(60쪽 참조)에서 중학교 공부 준비 방법에 대해서 자세히 다루도록 하겠습니다. 6학년 때 하는 공부가 중학교 3년을 좌우하니 반드시 중학교에 입학하기 전에 국·영·수의 기본기를 다질 수 있도록 해주세요.

▌중학교 체력, 고등학교까지 간다

중학교부터는 공부에 매진해야 하므로 체력도 키워야 합니다. 중학교 때 키워둔 체력이 고등학교 3학년 때까지 체력의 바탕이 됩니다. 몇 시간씩 운동할 필요는 없지만 매일 10분이라도 줄넘기나 달리기 등의 가벼운 운동을 해서 체력을 키우는 것이 좋습니다. 특히 성장기인 아이들에게 몸 전체를 움직이는 운동을 추천합니다.

1학년 1학기 4단원을 수업하며 '자서전 쓰기' 활동을 했는데, 많은 아이가 줄넘기하면서 키가 컸다고 썼더라고요. 체력을 유지하기 위해서 음식도 골고루 먹어야겠지요. 몸에서 당기는 건지 아이들은 고기를 참 좋아합니다. 다양한 종류의 고기로 영양을 골고루 챙겨주세요. 요즘 중학생들은 잘 챙겨 먹는지 덩치가 좋은 아이가 많은 편입니다. 중학생이 된다고 공부만 신경 쓰면 절대 안 됩니다. 체력이 바탕이 되어야 공부에 매진할 수 있다는 사실을 기억하도록 합시다.

아이 성향에 따른
학교 선택

• • •

중학교는 고등학교와 달리 선택지가 그리 많지는 않습니다. 초등학교를 졸업하면 대개 집에서 가까운 일반중에 입학합니다. 집 근처 지망하는 중학교에 원서를 쓰면 교육청에서 추첨을 통해 지망 중학교 중 한 곳으로 배정합니다. 지망 학교를 선택할 때는 아이의 성향에 따르는 것이 좋습니다.

대개의 학생이 진학하는 일반 중학교 외에 특수 중학교도 있습니다. 예술중이나 체육중 등입니다. 학교 종류별 특징을 소개하겠습니다.

▌특수중 - 국제중

아이가 영어 등 외국어에 관심이 있거나 학습적으로 강한 동기를 갖게 하고 싶다면 국제중도 추천합니다. 국제중은 영어로 수업을 진행하고 제2외국어를 추가로 배웁니다. 국제중에 다닌다면 학습적인 면에서 자극을 받을 수 있습니다.

· 국제중 진학 안내

국제중은 일반중과 지원 방법이 다릅니다. 일반중은 학교에서 선생님들이 일괄 원서를 제공·접수하지만, 국제중은 희망하는 학생이 해당 중학교에 직접 개별 지원해야 합니다.

국제중은 전형 시기, 합격 여부와 관계없이 1개교만 지원할 수 있습니다. 선발 방법은 지원자 전원을 대상으로 100% 전산 추첨하여 선발합니다. 다만, 청심국제중은 1단계에 2배수 추첨 후, 2단계에 서류 및 면접이 진행되므로 학생부 관리와 자기소개서 작성에 대한 대비가 필요합니다. 국제중은 대부분 영어몰입교육을 하므로 입학할 때 영어 수업이 가능하도록 영어 활용 능력을 갖추는 것이 중요합니다.

전형은 일반전형과 사회통합전형이 있는데, 전체 모집 정원의 20%를 사회통합전형으로 선발합니다. 사회통합전형은 기회균등전형과 사회

[국제중 전형 안내]

학교명	모집 지역	원서 접수	전형 일정		기숙사	비고
대원 국제중	서울 (광역 단위)	10 ~ 11월	전산 추첨 11월 중		×	한국인+원어민 선생님 (국어 제외 대부분 과목 영어 수업) 국제 이해, 중국어 수업
영훈 국제중	서울 (광역 단위)	10 ~ 11월			×	원어민 중심 영어몰입수업 (국어 제외 대부분 과목 영어 수업) 국제 교과, 스페인어/ 일본어/중국어 택1 수업
청심 국제중	전국 단위 (학교장 추천 필수)	10월	1차 (2배수) 전산 추첨 10월 중	2차 서류 및 면접 10~11월	○	영어몰입수업 (국어 제외 대부분 영어로 수업) 1인 1악기, 양궁 국제 이해 교육, 스페인 어/일본어/중국어 택1 수업
부산 국제중	부산 (광역 단위)	10월	전산 추첨 11월 중		○ (희망자 한함)	영어몰입수업 교과 축소 (과제 탐구, 수준별 영어 수업만 해당) 스페인어/일본어/중국 어/프랑스어 택1 수업 2018년부터 일반 교과 + 외국어 수업 형태로 변경
선인 국제중	경남 (광역 단위)	9월	전산 추첨 9월 중		○	영어, 중국어, 일어, 국제 이해 1/2 등 오전 학교 수업 방식, 오후 개인 활동 수업 2018년 개교

다양성전형으로 구분하며 단계별로 선발합니다. 대상자 지정 범위 및 그에 따른 세부 기준, 전형 방법은 각 학년도의 국제중 사회통합전형 추진 계획 및 학교별 전형 요강에 따릅니다. 국가보훈대상자(국가유공자) 및 그 자녀의 경우, 정원 외로 모집 정원의 3% 이내를 선발합니다.

합격 취소 또는 미등록 등으로 인해 결원이 발생할 경우를 대비해 불합격자를 대상으로 각 전형별 10%를 전산 추첨하여 예비 합격자로 선정합니다. 예비 합격자로 충원되지 않을 경우 학교의 결정에 따라 추가 모집을 통해 충원할 수 있으며, 선발 방법은 당초 신입생 선발 방법과 동일합니다.

7~8월경 각 학교 홈페이지에 다음 해 신입생 입학 전형 요강을 공고합니다. 이때 희망하는 학교의 홈페이지에 들어가면 신입생 입학 전형을 알 수 있습니다. 입학 원서는 늦어도 10~11월경에 해당 중학교 홈페이지로 접수하니 신입생 입학 전형 요강을 꼼꼼하게 살펴보세요.

▌특수중 - 예술중, 체육중

만일, 내 아이가 예술 쪽으로 특별한 재능이 있다면 예술중으로, 체육 쪽으로 특별한 재능이 있다면 체육중으로 입학하는 것도 좋습니다. 예술중이나 체육중에 입학하는 경우, 아이의 재능과 관련해서 깊이 있는 수업을 받을 수 있고 비슷한 관심사의 친구들과 함께하면 자극을 받으며 활동할 수 있어서 분명 실력 향상과 정서 공유에 크게 도움이 됩니다. 하지만 어린 나이에 입시와 경쟁 구도에 노출되어서 스트레스를 받을 수도 있습니다. 그런데도 명확한 꿈이 있는 아이들에게 전공과 관련된 수업을 집중적으로 받을 수 있다는 면에서는 훌륭한 선택이라고 생각합니다.

· 예술중 진학 안내

예술중은 브니엘예술중, 부산예술중, 선화예술중, 광주예술중, 국립전통예술중, 계원예술중, 한국창의예술중, 나산실용예술중, 전주예술중, 예원학교가 있습니다. 대체로 모집 분야는 음악 부문, 미술 부문, 무용 부문이고, 학교별로 세부 전공은 다릅니다. 각 학교의 전공을 살펴보고 지원해야 합니다.

예술중은 전국 단위로 모집하므로 아이가 전공하는 영역이 있는 학교에 지원합니다. 예술중에서 국가유공자 등 예우 및 지원에 관한 법률에 의한 국가유공자의 자녀 중 교육지원 대상자는 정원의 3% 이내에서 정원 외로 선발합니다.

예술중의 전형 일정은 10~11월경 원서 교부를 시작으로 원서 접수, 전형별로 실기고사 및 면접고사를 실시합니다. 실기고사는 10~11월 정도로 학교마다 조금씩 다릅니다. 학교별로 실기고사가 100%인 곳도 있고, 실기고사, 면접고사, 출결까지 점수로 반영하는 곳도 있습니다. 학교 홈페이지에 합격자를 발표하는데 만일 정시 모집 이후 미등록 및 입학 포기 등으로 결원이 발생할 경우, 추가 모집을 합니다. 추가 모집 역시 정시 모집 때와 같은 방법으로 실시합니다. 단, 정시 모집에 지원했던 수험생은 지원할 수 없습니다.

전형 방법은 대부분 실기고사이며 학교별로 면접 등의 시험을 추가로 더 실시하기도 합니다. 또한 전공별로 시험 내용 및 준비물 등이 다릅니다.

▌ 일반중

6학년 2학기 10월 말 즈음이 되면 학교에서 일반 중학교 배정 원서를 배부합니다. 원서 배부하고 접수하는 날까지 일주일가량의 시간이 있습니다. 아마 대체로 마음속으로 가고자 하는 중학교가 결정되어 있을 겁니다. 궁금한 것이 있다면 담임선생님과 의논해도 됩니다. 배부된 원서에 희망하는 중학교를 1지망부터 적어서 제출하면 됩니다. 이때 위장 전입을 막기 위해 주민등록등본 등의 서류가 필요한 곳도 있습니다. 중입 거주 기준은 지역마다 조금씩 차이가 있지만 대부분 10월 말에서

11월 중순 사이의 날짜를 기준으로 합니다. 만일, 쌍둥이라면 따로 관련 서류가 있어서 그 서류를 내면 같은 학교로 배정됩니다. 보통은 첫째를 배정하고 둘째를 첫째가 다니는 학교에 배정합니다.

10월 말에 중학교 입학 원서를 배부합니다. 원서에는 아이가 다니는 초등학교에서 갈 수 있는 학군의 중학교 수만큼 지망하는 중학교를 쓰게 되어 있습니다. 만일 갈 수 있는 학교가 5개라면 1지망부터 5지망까지, 3개라면 1지망부터 3지망까지 씁니다. 5지망까지 써야 하는데 3지망까지 쓰거나 같은 학교를 중복해서 지망할 수 없습니다. 지망 개수는 지역마다 다릅니다. 1지망만 쓰는 곳도 있고 학교군에 따라 10 지망 이상인 곳도 있습니다. 반드시 지망 순위별로 모두 다른 학교로 써야 합니다. 이때, 아이의 성향을 고려해서 희망하는 학교를 우선으로 지망합니다. 원서에 지망하는 중학교를 쓰는 것은 지역마다 달라서 어떤 지역에서는 무조건 1지망 학교부터 마지막 지망 학교까지 본인 희망으로 다쓰기도 하고, 어떤 지역에서는 2지망 학교까지만 쓰고 이후의 지망 학교는 자동으로 주소지와의 거리를 프로그램으로 산정해 1근거리, 2근거리 등으로 표시해 추첨을 하기도 합니다. 또 어떤 지역은 2지망까지만 적고 1지망에서 학교별 정원의 50%, 2지망에서 학교별 정원의 50%를 추첨하여 선발하기도 합니다. 이 과정들은 공개되시 않고, 결과만 발표합니다. 각 교육지원청에 들어가 본인 거주 지역 중학교 학교군 현황을 확인하고 여름 방학 동안 아이와 미리 충분히 의논해두면 더욱 좋겠지요.

중학교 신입생 배정 방법은 교육청마다 조금씩 차이가 있습니다. 거주하는 지역의 교육청에 문의한다면 상세한 지원 원칙이나 배정 방법에 대한 안내를 받으실 수 있을 거예요. 각 지역 교육지원청 홈페이지에도 게재되어 있으니 참고하시면 됩니다. 1지망의 경우, 지역마다 차이가 있지만 많은 지역에서 경합 시, 선(先)입학일을 기준으로 우선 배정합니다(선입학일은 졸업 초등학교에 먼저 입학한 날짜를 뜻합니다. 예를 들어 2학년때 전학 온 아이와 3학년때 전학 온 아이가 있다면 2학년 때 전학 온 아이가 선입학이기에 1지망하는 학교에 갈 가능성이 높습니다). 그러나 선입학일이 같을 경우, 전산 추첨으로 진행합니다. 물론 모든 지역에서 선입학일을 기준으로 하지는 않습니다. 서울의 경우, 선입학 기준이 아니라 6학년 10월 말 기준으로 이사를 완료하면 다 같은 조건으로 추첨합니다(서울 내 이사 기준). 타 시도에서 전입할 경우, 12월 말까지 전입 및 전학까지 완료해야 원배정 추첨에서 같은 조건을 받을 수 있습니다. 얼마 전 제가 근무하는 지역은 총 재학기간에 따른 중학교 우선 순위 부여를 전면 삭제하였습니다. 지역에 따라 그런 곳이 또 있으리라 생각합니다. 반드시 학교에서 배부한 안내를 읽고, 중학교 입학 원서를 쓰기 바랍니다.

원하는 학교가 뚜렷하지 않아 고민일 때는 남중인지, 여중인지, 남녀 공학인지도 고려 대상이 될 것입니다. 다음 내용을 보고 자녀에게 맞는 곳을 생각해보세요. 이 경험들은 교사로서 겪은 것이므로 학생의 입장과 차이가 있을 수 있습니다. 학교마다 차이가 있을 수도 있습니다. 학교별 특징을 참고만 하시고 (반드시) 주변의 평을 함께 듣고 아이 성향에 맞는 학교를 선택하세요.

• 남중 :

남중은 남학생만 다니는 학교입니다. 남중은 여자인 제가 봤을 때는 정글 같은 느낌이 강합니다. 약육강식의 모습도 있습니다(강도는 학교에 따라 차이가 있습니다). 남자아이들만 있다 보니 다소 거칠고 투박하게 노는 편이라 다치는 경우도 많습니다. 순한 아이를 키우는 가정에서는 남중에 가는 것을 걱정하기도 합니다. 전반적인 분위기가 와일드할 뿐 남중에도 순한 아이가 많습니다. 그 아이들끼리 친구가 되어 잘 어울리므로 너무 걱정할 필요는 없습니다.

생활 면에서 보면 아무래도 남학생들만 모여 있다 보니 남자아이 특유의 욱하는 성격이 부딪치는 일이 종종 있습니다. 이 욱하는 성격은 순한 아이라고 없거나 약하지 않습니다.

한번은 교실에서 꽤 크게 싸움이 난 적이 있습니다. 깜짝 놀라 교실로 달려갔더니 "네가?"라고 할 만한 아이들이 싸우고 있었습니다. 생각지도 못했던 아이들의 싸움이라 놀랐습니다(게다가 둘은 부모님들도 서로 알고 지내는 절친이었습니다).

아이들끼리 싸웠더라도 너무 걱정하지는 마세요. 담임선생님이 저 아이들을 어떻게 화해시킬까, 부모님께는 어떻게 말씀드릴까 동동거리는 사이에 다시 장난치고 있는 경우가 많습니다. 한참 걱정했던 게 당황스러울 만큼 뒤끝이 없습니다.

그렇다고 이런 다툼을 허투루 보면 안 됩니다. 친구 관계는 항상 주의 깊게 봐야 합니다. 평소 친구 관계가 괜찮은데 투덕거렸을 때는 걱정하지 않아도 되지만, 그와 유사한 상황이 반복되거나 지속되면 주의 깊게 살펴야 합니다. 요즘에는 학교 폭력에 대해 민감해서 어른들이 눈치채지 못하게 교묘하게 괴롭히는 일도 있기 때문입니다.

남중에 다니는 아이의 학습 면을 살펴보면 덜렁거리고 대충해서 과제물 등을 제출하는 경우가 많습니다. 그래서 수행 평가나 활동을 하면 결과물이 기대했던 것만큼 나오지 않습니다. 물론 과제를 꼼꼼하게 하는 아이들도 있습니다만 대충하는 아이들의 비율이 훨씬 높은 편입니다. 오죽하면 선생님들이 다시 하라고 아이들에게 애원할 정도입니다. 그러면 아이들이 오히려 쿨하게 "괜찮아요. 그 정도면 열심히 했어요"라면서 넘깁니다.

• 여중 :

여중은 여학생만 다니는 학교입니다. 여중은 학습 면으로 손댈 것이 거의 없습니다. 수행 평가를 하면 대부분의 아이가 최선을 다합니다. 과제를 다들 어찌나 정성스럽고 완벽하게 해오는지 볼 때마다 감탄합니다. 결과물을 보면 과제를 수행하면서 얼마나 정성을 들였는지 한눈에 보일 정도입니다. 어떤 활동을 하든 결과물도 훌륭한 편입니다.

그렇다고 아이에게 신경을 안 써도 되는 건 아닙니다. 여중생들이 가장 조심해야 할 것이 있습니다. 인간관계입니다. 여학생들이 한번 돌아서면 다시 되돌리기가 쉽지 않습니다. 그 대상이 누구든 한번 깨진 그릇을 붙이기는 거의 불가능에 가깝습니다.

예전에 우리 반 학생들이 모둠 과제를 하다가 갈라선 적이 있습니다. 제가 마음으로 너무 예뻐하는 아이들이라 옆에서 지켜보기 안타까웠습니다. 그래서 아이들을 개별적으로 불러 이야기를 나누었습니다. 한 명씩 이야기할 때는 모두 제게 속마음도 털어놓고, 다시 친구들과 친하게 지내고 싶다고 했습니다. 하지만 서로를 만나서 마음을 털어놓을 시간을 마련하려고 하자 이런저런 핑계를 대며 시간을 내주지 않았습니다. 결국 시간이 흘러 중학교를 졸업하고 각자 다른 고등학교에 진학했습니다. 그 뒤로 서로 절대 연락하지 않는다는 이야기를 전해 듣고 참 마음이 아팠습니다.

아이가 친구 관계에 예민하다면 여중 생활이 쉽지만은 않습니다. 다 같이 열심히 하는 분위기이기 때문에 대충해서는 성적을 잘 받기도 힘듭니다. 그런 것을 견디지 못한다면 여중에서 생활하기 쉽지 않습니다. 하지만 그 분위기 덕분에 시험을 준비하는 방법이나 공부하는 태도 등을 배울 수도 있습니다.

• 남녀공학 :

남녀공학은 남녀 분반과 남녀 합반의 분위기가 다릅니다. 남녀 분반의 경우, 남중과 여중이 한 학교에 있다고 생각하면 됩니다. 반을 섞어서 하는 수준별 수업이나 이동 수업 때만 같이 수업하지, 그 외에는 볼 일이 잘 없습니다. 쉬는 시간, 점심시간에 복도나 급식실에서 마주치기는 하지만 사춘기가 시작되면서 서로 데면데면하게 지내는 경우가 많더군요.

학교생활면에서 대체로 여학생반이 더 우수합니다. 학교행사를 하면 대부분 여학생반이 우승합니다. 그녀들의 열정을 그들은 따라가기 힘듭니다. 특히, 합창제를 할 때 자주 보는 풍경이 있습니다. 여학생들은 몇몇이 나와서 진두지휘하고, 나머지는 그 빈틈을 메우며 일사불란하게 움직입니다. 그에 반해 남학생들은 서로 어떻게 할 건지 의논만 하다가 결정하지 못하고 시간이 끝납니다. 제가 남학생반 담임이었는데, 그 모습을 지켜보는 저는 속이 타는데 아이들은 합창제 일주일 전인데도 노래도 정하지 않고 아주 느긋했습니다. 그래도 다행히 합창제까지 어찌어찌 결과물이 나왔던 것이 기억납니다.

시험 결과도 여학생반 평균이 더 높은 편입니다. 특히 수행 평가 성적을 반영하면 여학생반의 성적이 훨씬 높아지곤 합니다. 수행 평가는 수업 참여도나 과제 수행 과정도 평가하는데, 대체로 여학생들이 수행 평가에도 더 신경을 쓰고 잘 챙기기 때문입니다.

남녀 합반은 초등학교 때와 비슷합니다. 남학생과 여학생이 한 교실에서 수업을 듣습니다. 수행 평가 때 모둠별로 남녀를 섞으면 주로 여학생들이 남학생들을 끌고 갑니다. 희한하게 남학생들은 선생님보다 여학생들의 말을 더 잘 듣습니다. 주로 여학생들이 남학생들에게 시키고, 남학생들은 그것을 수행합니다. 이런 과정을 통해 수행 평가를 치르면서 남학생들은 여학생의 꼼꼼함을 배웁니다. 그래서 남녀공학이라도 남자반의 결과물과 남녀 합반의 결과물은 크게 차이 납니다.

저는 남녀공학을 보낸다면 남녀 분반보다 남녀 합반이 더 좋을 것 같습니다. 어차피 남자와 여자가 같이 살 세상이고, 같이 지내면서 서로에 대해 더 많이 이해할 수 있기 때문입니다.

중학교 배정부터
입학까지

• • •

6학년 11월 중에 중학교 원서를 작성합니다. 국제중이나 특수중에 원서를 썼다가 떨어진 아이도 이때 같이 원서를 작성합니다.

　중학교 배정은 〈교육환경보호에 관한 법률 시행규칙〉에 따라 대중교통을 이용하여 30분 정도의 통학 거리로 지정된 학교 군내에서 해당 학년도 신입생 원서 접수 현황, 학교 배치 여건 등을 고려하여 전산 추첨으로 이루어지고 있습니다. 지역에 따라 주민등록등본 등의 서류가 필요하기도 합니다. 위장 전입을 까다롭게 보는 지역의 경우, 주민등록등본에 전가족이 없으면 추가 서류를 요구하거나 실사(실거주 하는지 조사하는 것)를 할 수도 있습니다. 중학교 배정 원서는 학부모님이 수기로 작성하지만, 그것을 바탕으로 선생님들이 전산으로 원서를 입력합니다.

일반 배정의 경우, 지역에 따라 1지망만 있을 수도 있고 5지망 이상이 있을 수도 있습니다. 반드시 해당 지망 수를 다 채워야 합니다.

선생님들은 학생이 제출한 중학교 배정 원서를 입력한 뒤 출력해서 희망한 대로 배정이 제대로 됐는지 1~2차례 학생과 학부모 확인을 받아 11월 중에 최종 원서를 교육청에 제출합니다. 11월부터 교육청에서는 원서를 확인하고 재입학 또는 입학 요건 등을 확인하는 작업을 합니다.

다음 해 1월 중 지역 교육청이나 교육지원청에서 중학교 배정을 합니다. 중학교 배정은 컴퓨터 추첨을 통해 이루어지며 순서는 전산화되어 있습니다. 보통 '기점'에서부터 '간격수'만큼 건너뛰면서 입학 정원 범위 내에서 지역별로 배정합니다. 예를 들면 1에서부터 간격수가 5라면 아이들을 일렬로 늘어놓고 1, 6, 12번째 아이를 배정하는 것입니다. 완전 전산화되어 있기 때문에 어떤 개입도 불가합니다.

원서 제출 이후 이사 등의 사유로 주소지가 달라지는 학생을 위한 재배치 절차가 있습니다. 지역마다 차이가 있으나 대부분 1월 이사는 재배정하고, 2월 중순 이후에는 현재 배정된 중학교에 입학 후 전학 처리를 해야 합니다. 지역마다 재배정 가능 날짜가 다르니 반드시 가고자 하는 지역 교육청에 문의해야 합니다.

▎중학교 배정과 예비소집

이렇게 배정 추첨한 다음날쯤 학생들에게 발표합니다. 중학교가 배정되고 나면 초등학교 6학년 교실에서 배정 통지표와 관련 서류를 받습니다. 학교별로 배정 통지표를 받은 날 오후에 바로 예비소집을 할 수도 있고, 그다음 날 할 수도 있습니다. 예비소집 때 배정 통지표와 필요한 서류가 있다면 함께 중학교에 제출합니다. 예비소집일에 교복 공동구매를 같이 진행하기도 합니다.

예비소집 때 반 편성이나 교복, 준비물 등에 대해 안내합니다. 나눠주는 각종 안내문을 하나도 빠짐없이 챙겨야 합니다.

▎신입생 반 편성

과거에는 배치고사가 있어서 반 배치고사 성적으로 반도 배정하고 장학금도 주곤 했습니다. 하지만 최근의 교육은 시험으로 등수를 매기는 한 줄 세우기를 지양하고 개개인의 다양한 특성을 살리는 것을 목표로 합니다. 학교에서도 아이들을 한 줄로 세우는 일제식 평가가 줄었습니다. 배치고사도 결국 아이들을 한 줄로 세우는 것이기 때문에 많은 학교가 배치고사를 치지 않습니다.

보통 다음 학년 반 편성의 기준은 성적입니다. 그런데 신입생의 경우 성적이 없습니다. 적성검사로 배치고사를 대신 하는 학교도 있고 이름순이나 생년월일 순으로 반을 배정하기도 합니다. 학교마다 기준은 있지만, 그 기준은 공개하지 않습니다. 교사 입장에서 이렇게 반을 배정하고 1년을 지내보아도 학급 운영에 큰 무리는 없습니다. 개인적으로는 저도 성적이 궁금한 학부모인지라 성적이 나오는 배치고사를 선호합니다.

▌중학교 복장의 기본, 교복

중학교 복장의 기본은 무조건 교복입니다. 학교행사 시 별다른 안내가 없으면 교복을 착용합니다. 교복이 아닌 사복을 입는 경우는 특별하며 사복을 입을 때만 복장을 안내합니다. 중학교는 무조건 교복을 입는다고 생각하면 됩니다.

교복은 동복과 하복으로 나뉩니다. 동복은 겨울에 입는 옷이고, 보통 재킷, 와이셔츠, 조끼, 치마나 바지로 구성됩니다. 카디건이 있는 학교도 있습니다. 넥타이나 리본이 추가되기도 합니다. 동복에서 재킷을 벗으면 춘추복입니다. 대부분 전체 학년의 교복 색이나 모양은 같고 이름표 색이나 교복 일부의 색을 달리해서 학년을 구분합니다.

하복은 여름 교복입니다. 하복은 반소매 와이셔츠, 치마나 바지로 이루어집니다. 바지의 경우 긴바지만 있기도 하고, 반바지가 있는 학교도 있습니다. 티셔츠와 바지로 된 생활복이 있기도 합니다.

체육복은 대부분 학년별로 색이 다릅니다. 체육복은 동복 상의와 하의, 하복 상의와 하의로 두 벌입니다. 학교마다 교칙이 다른데 대체로 체육복과 교복을 혼용하면 안 되고 체육복은 체육 시간에만 입어야 합니다.

▎ 교복 공동구매

요즈음에는 전국의 모든 학교에서 교복을 공동구매합니다. 교복 공동구매 안내문을 받으면 많은 분이 고민합니다. 공동으로 구매하는 교복이 마음에 드는 브랜드가 아니라면 고민할 수밖에 없습니다.

신입생의 교복을 살펴보면 공동구매 교복과 따로 산 교복이 크게 차이가 나지 않습니다. 아이들에게 물어봐도 아직 어려서 그런지, 입은 지 얼마 되지 않아서 그런지 어느 것이 더 편한지, 불편한지 잘 모릅니다. 입고 다니는 학기 중에도 딱히 차이 나는 것 같지 않습니다. 1년 이상 교복을 입은 2학년 아이들에게 물어봅니다. 2학년 아이들은 차이가 있다고 대답을 하기는 했는데 아이마다 좋아하는 교복 포인트가 조금씩 다릅니다. 3학년 아이들에게 물어보면 어느 교복사든 크게 차이가 없다고 이야기하기도 하고요. 저의 결론은 '공동으로 구매한 교복이든 아니든 별로 상관이 없다'입니다.

교복을 공동구매하기 위해서 학교는 '교복선정위원회'를 구성합니다. '교복선정위원회'는 구성원의 1/2 이상이 교사가 아니어야 하고, 학생과 학부모 대표가 포함됩니다. 그리고 교복선정위원회가 정한 기준에 따라 여러 교복사에서 입찰합니다. 그러면 '교복선정위원회'에서는 여러 가지 조건을 따져서 가장 조건이 좋은 교복사를 선정합니다. 이를 담당 선생님이 학교운영위원회에 올려서 심의받습니다. 공동구매하는 교복은 제시된 기준에 적합하며, 품질을 인정받았다고 보면 됩니다.

교복의 디테일은 브랜드마다 차이가 있습니다. 호주머니 깊이, 액세서리 유무, 허리 조절, 와이셔츠 목 부분에 덧댄 천, 디자인 등 하나하나 살펴보면 교복 브랜드마다 미묘하게 다릅니다. 이런 것을 세심하게 보는 분이라면 교복사에 가서 브랜드별로 직접 입어본 다음, 세부적인 차이를 비교해보고 사는 것이 좋습니다. 아이들도 교복을 볼 때, 저마다 마음에 들어 하는 포인트가 다릅니다.

▌교복 사이즈는 조금 크게, 수량은 필요한 만큼만

교복을 살 때, 중학생은 자기 치수보다 두 치수 정도 크게, 고등학생은 거의 맞게 사는 것이 좋습니다. 중학생은 많이 성장합니다. 지금 치수보다 크게 사는 것이 좋습니다. 고등학생은 성장이 거의 끝나서 교복을 맞게 입는 것이 더 보기 좋습니다.

교복은 여러 벌 사지 마세요. 3년 동안 매일 입을 거라 여러 벌 사는 경우가 있는데, 중학생은 얼마나 자랄지 모릅니다. 필요한 만큼 사세요. 매일 직접 살에 닿는 셔츠나 하의는 여벌이 하나 더 있으면 좋습니다. 그 외의 옷은 하나만 사서 입다가 상황을 보며 추가로 사면 됩니다.

남학생들은 중간에 대부분 교복을 한 번 새로 삽니다. 중학교 2학년 정도가 되면 급성장기가 오는데 이때 교복이 작아져서 새로 사는 경우가 많습니다. 바지 가랑이 쪽이나 허벅지 안쪽의 시접 부분이 뜯어져서 교무실에 오는 아이들도 꽤 있습니다. 심지어 엉덩이 쪽의 천이 찢어져서 오는 아이도 있었습니다. 남학생들의 성장이 신기하고, 한편으론 무엇을 어떻게 하면 그런 일이 일어나는지 궁금할 따름입니다.

남학생들의 바지는 수선에 수선을 더하다가 결국 새로 사거나 졸업한 선배의 교복 바지를 수소문해 구하기도 합니다(안타깝게도 졸업생 교복은 이미 교육청으로 넘어가서 담임선생님도 구하기 힘듭니다). 남학생들은 저렴하게 사는 것이 제일 좋다고 생각합니다.

여학생들은 다행히 남학생처럼 쑥쑥 자라는 경우는 거의 없습니다. 옷을 험하게 입는 편도 아니라 3년 동안 같은 교복을 그대로 입는 경우가 많습니다. 여자아이들은 자신이 원하는 브랜드의 교복으로 사는 것이 좋습니다.

저희 아이가 입학할 때, 처음 들어보는 교복사가 공동구매 업체로 선정되었습니다. 중학교 선배 엄마들에게 물어보니 만족과 불만족이 반반이었습니다. 아이에게 물었더니 아이는 잘 모르겠다고 대답했습니다. 저는 공동구매로 교복을 맞추었습니다.

학교에서 치수를 잰다고 하는데 엄마 아빠가 모두 출근을 해서 아이혼자 가서 치수를 재고 왔습니다. 가장 기본적인 것만 사라고 신신당부를 했지요. 비싸게 사더라도 필요할 때 사는 것이 더 낫습니다. 다른 곳과 꼼꼼하게 비교해보지 않아서 그런지 모르겠지만 아이도 저도 아직다른 교복과 차이를 느끼지 못하고 있습니다.

▌모든 옷에 이름표 부착하기

교복과 체육복에 이름표를 부착합니다. 최근에는 자신의 이름이 타인에게 노출될 경우의 문제점 때문에 이름표를 아예 부착하지 않는 학교도 있다고 합니다. 만일 학교에서 이름표를 부착해야 한다고 하면 천으로 된 이름표와 아크릴로 된 이름표가 있습니다(천으로 된 이름표나 아크릴로 된 이름표 한 가지만 사용하기도 합니다). 천으로 된 이름표는 보통 옷에 박고, 아크릴로 된 이름표는 옷에 핀으로 꽂습니다.

　가능하면 교복과 체육복에 모두 이름표를 달아주세요. 초등학생 때는 아이마다 다양하게 옷을 입고 다녔지만, 중학생들은 다 똑같은 교복을 입습니다. 전 학년이 똑같은 옷을 입는 것이죠. 물론 학년마다 이름표의 색이 다르지만, 교복의 색깔과 모양이 같습니다.

　체육복도 마찬가지입니다. 학년별로는 차이가 있지만 같은 학년 아이들끼리는 색이나 모양이 같습니다. 그래서 의도치 않게 옷이 바뀌거나 다른 사람의 옷을 가져갈 수 있습니다. 이름표를 붙여 놓으면 자기 옷을 찾기 쉬워 이런 불상사를 막을 수 있습니다.

　막상 이름표를 어디에 붙여야 할지도 고민스럽습니다. 매일 학교에서 교복과 체육복에 있는 이름표를 보는 저도 막상 제 아이 옷에 붙이려고 하니 이름표의 위치가 기억나지 않았습니다. 왜냐하면 어디에 부착해도 상관없기 때문입니다. 교복 재킷 상의, 조끼 상의 정도만 학교 마크 위인지, 아래인지 제대로 부착하면 그 외의 옷에는 위치가 상관없습니다. 그래도 걱정된다면 학교 홈페이지를 찾아보세요. 교복이나 체육복에 이름표의 위치를 안내하는 사진이 있을 겁니다. 그런 안내가 없거나 학교에 문의했는데 어디든 상관없다고 하면 너무 고민하지 마세요. 결정하기 힘들면 학교 근처 세탁소에 가져가세요. 세탁소에서는 몇 년간 아이들의 이름표를 달았기 때문에 문제없이 이름표를 달아줍니다.

재킷이나 조끼뿐 아니라 치마나 바지, 셔츠 등 모든 교복에 이름표를 달거나 이름을 씁니다. 넥타이, 체육복 상하의, 실내화까지 이름을 쓰면 더 좋습니다. 천으로 된 이름표가 있으면 교복마다 다 달면 제일 좋고, 학교에서 아크릴로 된 이름표를 사용한다면 수선집에 가서 모든 교복에 이름을 새깁니다. 옷 안쪽 태그에 이름을 써도 됩니다. 하지만 추천하지는 않습니다. 옷 안쪽이라 이름이 잘 보이지 않습니다. 옷을 살짝 들췄을 때 보이는 곳에 이름이 있으면 헷갈리지 않습니다. 이름표는 눈에 띄지 않는 곳에 붙여야 깔끔합니다. 치마나 바지의 경우에는 허리 안쪽에, 그 외의 옷은 살짝 뒤집으면 보이는 곳을 추천합니다.

▌ 신입생 필수 준비물

예비 소집일에 학교에 가면 학교생활에 필요한 준비물들을 안내합니다.

첫 번째는 실내화입니다. 슬리퍼를 신는 학교도 있고, 학년별로 슬리퍼 색을 지정해주는 학교도 있으며 초등학교 때처럼 EVA 실내화를 신는 학교도 있습니다. 보통 학교 강당에서 수업할 때 운동화를 신으면 바닥이 많이 상해서 하얀 EVA 실내화를 신게 하는 경우가 많습니다. 그래서 정해진 슬리퍼가 있어도 EVA 실내화를 신는 경우가 많습니다.

두 번째, 아코디언 파일입니다. 대부분의 선생님들이 교과서만으로 수업하지는 않습니다. 학습지를 나눠주고 그것을 바탕으로 수업하는 경우가 많습니다. 아코디언 파일이 있으면 수업 시간마다 한두 장씩 나눠주는 학습지를 과목별로 파일 안에 정리할 수 있습니다. 폴더의 개수가 8개 이상이어야 전 과목을 다 정리할 수 있습니다.

세 번째, 컴퓨터용 사인펜과 삼색 볼펜입니다. 학교에 다니면 각종 시험이 많습니다. 진단 평가, 진로 검사, 지필 평가 등 여러 시험을 치는데 이때 필요한 것이 컴퓨터용 사인펜입니다. 학교마다 답지를 인식하는 방법이 다르기 때문에 컴퓨터용 사인펜의 필요 여부는 조금씩 다르지만, 기본으로 사놓는 것이 좋습니다. 컴퓨터용 사인펜은 일반 사인펜과 비슷하게 생겼고, 옆면에 '컴퓨터용'이라고 쓰여 있습니다. 반드시 '컴퓨터용'이라고 쓰여 있어야 합니다. 삼색 볼펜은 필기할 때와 시험 칠 때 필요합니다. 특히 서술형 답지를 쓸 때 필요하니 잘 챙겨주세요.

마지막으로 책가방도 필요합니다. 책가방은 원하는 색으로 고르면 되는데 대체로 검은색 가방을 제일 많이 멥니다. 해마다 유행하는 브랜드가 있어서 신입생들 대부분이 같은 브랜드의 가방을 메더군요.

그 외 필요한 준비물들은 예비 소집일의 안내문을 보고 준비합니다.

자유학기제,
자유학년제 준비하기 *

· · ·

중학교 1학년은 공부를 시작해야 할 때입니다. 하지만 시험이 없습니다. 최근 수업도 필기나 암기를 중심으로 하는 수업이 아닙니다. 그래서 아이를 보면 공부를 전혀 하지 않는 것 같습니다. 또 학교에 보내면 체험학습이니 진로 체험이니 뭐니 하며 자주 놀러 다니는 것처럼 보냅니다. 이 시기를 자유학기제 또는 자유학년제라고 부릅니다. 도대체 자유학기제 또는 자유학년제가 뭘까요?

---

*   에듀넷 티 - 클리어, 중학교 자유학기제 시행 계획(2015.11월 시행) 참고

▌ 자유학기제란

한 학기 또는 한 학년 동안 꿈과 끼를 찾을 수 있도록 정규 수업 중 다양한 체험 활동이 가능하도록 교육과정을 유연하게 운영하는 제도를 자유학기제 또는 자유학년제라고 합니다(자유학기제라는 말은 있고 자유학년제라는 말은 없습니다만 편의상 자유학기제, 자유학년제라는 말을 사용하겠습니다).

2013학년도에 시범적으로 시작한 자유학기제는 2016학년부터 전면 시행되었습니다. 이제는 자유학기제가 확대된 자유학년제가 운영되고 있습니다. 2003학년부터 1학년 1학기와 3학년 2학기에 자유학기제를 운영합니다. 중학교에 갓 입학해서 학교에 적응하는 동안과 내신 성적 산출이 마무리되어 자칫 학교 생활에 소홀해질 때쯤 진로에 대해 생각할 시간 여유를 주는 것입니다. 자유학기제를 다루고 있는 교육부의 사이트에는 '자유학기제'란 '중학교 과정 중, 한 학기 또는 두 학기 동안 지식·경쟁 중심에서 벗어나 학생 참여형 수업을 시행하고 학생의 소질과 적성을 키울 수 있는 다양한 체험 활동을 중심으로 교육과정을 운영하는 제도'라고 명시하고 있습니다. 그래서 자유학기제 동안 다양한 체험도 하고 지식과 경쟁을 강조하는 지필 평가도 치지 않습니다.

학교마다 학교 상황에 맞추어 자유학기 계획을 짜고 운영하기 때문에 학교별로 조금씩 차이는 있습니다만 대부분의 학교에서 자유학기제는 다음과 같이 진행됩니다.

오전에는 지금까지와 똑같이 일반 과목 수업을 운영합니다. 하지만 이 수업의 내용을 지필 평가로 치지 않습니다(일부 학교는 지필 평가를 치기도 한다고 합니다). 다른 학년이 지필 평가를 치는 기간에 대부분 자유학기를 운영하는 학년은 진로 탐색 활동을 합니다. 지필 평가가 없어서 선생님들도 부담이 덜합니다. 그래서 수업 계획을 세울 때 시험이나 평가를 위한 수업이 아니라 다양한 활동을 많이 할 수 있도록 학습 목표를 세우고 수업을 운영할 수 있습니다.

자유학기제 평가 결과는 점수나 등급으로 표기되지 않습니다. 교사들은 활동 중심의 수업을 하고 활동을 성취 기준에 따라 서술합니다. 과목에 따라 형성 평가나 수행 평가를 시행하는 때도 있습니다. 하지만 이 평가가 점수로 반영되지는 않습니다. 수업 중의 여러 활동을 성취 기준에 따라 상중하 등으로 나누어(상상, 상중, 상하처럼 더 자세히 나누기도 합니다. 선생님마다 세부 기준은 조금씩 다릅니다) 문장으로 서술합니다. 이렇게 문장으로 서술한 내용이 성적표가 됩니다.

▌자유학기 활동

다음 시간표는 자유학기 시간표 예시입니다. 학교마다 오후 수업의 구성은 다를 수 있습니다.

	월	화	수	목	금
1					
2					
3					
4					
			점심시간		
5	주제 선택 활동	교과 수업	진로 탐색 활동	진로 탐색 활동	동아리 활동
6		예술 체육 활동			
7				창체	

자유학기제 기간 학교 시간표는 학교마다 조금 다르기는 하지만 대체로 오전에는(4교시) 교과 수업을 하고, 오후(대부분 5교시~6교시)에는 요일별로 진로 탐색 활동, 주제 선택 활동, 예술 체육 활동, 동아리 활동 등을 합니다. 이 수업들은 대체로 2시간 연속으로 운영됩니다.

• **진로 탐색 활동** : 학생들이 적성과 소질을 탐색하여 스스로 미래를 설계해 나갈 수 있도록 체계적인 진로 학습 기회를 제공하는 활동입니다. 다양한 진로 체험이나 진로 검사를 하고, 검사 결과를 분석하는

등 진로를 탐색하는 활동을 합니다.

- **주제 선택 활동** : 학생의 흥미, 관심사에 맞는 체계적이고 심층적인 수요자 중심의 프로그램 운영으로 학습 동기를 유발하고 전문적인 학습 기회를 제공하는 활동입니다. 학교에서 학생들의 관심 분야, 선호 프로그램, 만족도 등을 주기적으로 조사하여 주제 선택 프로그램으로 발굴, 개선합니다. 교과가 중심이 되어 운영됩니다.

- **예술 체육 활동** : 학생의 희망을 반영한 다양한 문화, 예술, 체육 활동 기회를 제공하여 학생의 소질과 잠재력을 끌어내는 교육을 실시합니다. 1 학생, 1 문화예술, 1 체육 활동 참여를 통해 문화 예술 교육 및 체육 활동 활성화로 예술(음악, 미술) 한 과목, 체육 한 과목을 선택하도록 합니다. 다른 자유학기 활동은 주 1일인데 비해 예술 체육 활동은 대체로 예술 주 1일, 체육 활동 주 1일로, 주 2일 운영합니다.

- **동아리 활동** : 학생들의 공통된 관심사를 바탕으로 학생 주도 꿈·끼 탐색 동아리 활동 운영을 지원하며 자치 능력 및 자율적 문제 해결력 함양을 도모합니다. 원래 창의적 체험 활동 시간에 하던 동아리 활동이라고 생각하면 됩니다. 학생들의 희망과 의사를 적극적으로 반영하고 자율성을 최대한 보장하는 방향으로 동아리 활동을 운영하고자 합니다.

▌ 자유학기 운영

자유학기 수업을 할 때는 하나의 활동을 학기 내내 운영하기도 하고, 1기, 2기 등으로 나누어서 프로그램을 돌리기도 합니다. 예를 들어 국어 주제 선택반을 만들면 한 학기 동안 같은 아이들과 국어 주제 선택을 할 수도 있고 1기, 2기로 나눠서 활동하기도 합니다. 이 틀은 학교마다 재량껏 운영됩니다.

이 활동들은 시험 없이 수업 중 성취 기준에 따라 학생들을 관찰한 결과를 서술합니다. 그래서 중 1 자유학기제의 성적표에는 과목별로 관찰 결과가 서술됩니다. 부모님은 숫자로 된 성적이나 석차가 나오지 않아 아쉬울 수 있지만, 성적표를 통해 아이의 평소 수업 태도를 볼 수 있습니다.

자유학기제 또는 자유학년제라고 학교에서 놀기만 할까 봐 걱정이 많이 될 것입니다. 그러나 아이가 자유학기제를 어떻게 지내느냐에 따라 아주 값진 시간으로 보낼 수도 있습니다. 당장 중학교 2학년만 되어도 입시, 내신 공부의 압박을 많이 받을 것입니다. 자유학기제 때의 경험이 아이가 공부할 때 숨통이 될 수도 있습니다. 그러니 많은 것을 경험하고 느끼도록 관심을 가져주세요. 자유학년제는 학교 수업에서는 얻기 힘든 다양한 경험을 하는 소중한 시간입니다.

초등학교는 생활 습관 잡기, 중학교는 학습 습관 잡기

...

초등학교에서 중요한 것은 삶의 기본이 되는 생활 습관을 잡는 것이 아닐까 합니다. 수업 시간에 돌아다니지 않기, 수업 시간과 쉬는 시간 구별하기, 급식소에 갈 때 줄을 서서 가기 등의 기초 질서나 생활 습관 등 사회를 구성하는 인간으로 가장 기초적인 것들을 익히고 습관화하는 것이 초등학교에서 익혀야 할 중요한 요소입니다. 그래서 초등학교에서 배우는 공부도 성적으로 한 줄 세우는 것을 목표로 하지 않습니다. 학습도 하지만 학습보다 기본 생활 습관을 익히고 서로 협동하고 생각을 나누는 등 생활 습관을 잡는 것에 더 중점을 둡니다.

물론 중학교라고 해서 초등학교 때 배우던 내용이 갑자기 달라지지는 않습니다. 달라지는 것은 학습 방향입니다. 초등학교 교육은 기초 질서나 생활 습관을 잡기에 초점이 맞춰져 있었다면 중학교는 아이들의 신체나 지적인 면이 초등학생 때보다 향상했기 때문에 학습 습관을 잡는 것에 중점을 둡니다. 중학교 때 성실하게 학습 습관을 쌓아야 고등학교 학습을 원만히 할 수 있습니다. 중학교는 초등학교와 고등학교를 이어주는 매개의 역할과 고등학교에서 받을 충격의 완충 역할을 합니다.

▌늘어나는 수업 시간과 학습량

중학생이 되면 학습 습관을 잡기 위해 많은 것이 달라집니다. 우선 수업 시간이 늘어납니다. 초등학교는 수업 시간이 40분이지만, 중학교는 45분입니다. 그뿐 아닙니다. 하교 시간도 늦어집니다. 저희 아이들이 다닌 초등학교는 6교시가 사흘, 5교시가 이틀이었습니다. 아마 다른 초등학교도 비슷할 것 같습니다. 그런데 중학교는 수업 시간이 5분씩 늘어난 데다 6교시가 사흘, 7교시가 이틀입니다(교육과정에 따라 6교시가 이틀, 7교시가 사흘인 학교도 있습니다). 5분 차이가 얼마 안 된다 생각하겠지만 매시간 늘어난 시간을 계산해보면 그 차이는 매우 큽니다. 다음 표에서 보듯 하교 시간도 훨씬 늦어집니다.

초등학교 (40분)	1교시	2교시	3교시	4교시	5교시	(6교시)	
중학교 (45분)	1교시	2교시	3교시	4교시	5교시	6교시	(7교시)
고등학교 (50분)	1교시	2교시	3교시	4교시	5교시	6교시	(7교시)

중학생이 되면 이 정도의 시간은 충분히 견딜 수 있다는 판단하에 중학교 프로그램이 설계된 것입니다. 그 말은 중학생은 이 정도의 양을 학습하는 것이 충분히 가능하다는 뜻입니다.

수업 시간만 늘어나는 것이 아닙니다. 학습량도 늘어납니다. 초등학교 6학년과 중학교 1학년은 1년 차이가 납니다. 그런데 학습량은 대폭 늘어납니다. 배우는 과목도 늘어나고 교과서 두께도 눈에 띄게 두꺼워집니다. 각 과목에서 배우는 내용도 초등학교와 비교해 훨씬 심화된 내용을 배웁니다. 사용하는 용어도 달라집니다. 모든 교과에서 초등학생 때 사용하던 용어와 다른 전문적인 용어를 배웁니다. '꾸미는 말'을 '관형어'라고 배우는 식입니다.

초등학교 때는 '기본 공부'에 초점이 맞춰져 있었다면 중학교부터는 초등학교 때 학습했던 기본 공부에서 가지를 뻗어가기 시작합니다. 초등학교 때 학습해야 할 가지가 2~3개 정도라면 중학교에서는 초등 기본 공부 가지에서 각각 2~3개가 다시 늘어납니다(실제로는 더 많습니다).

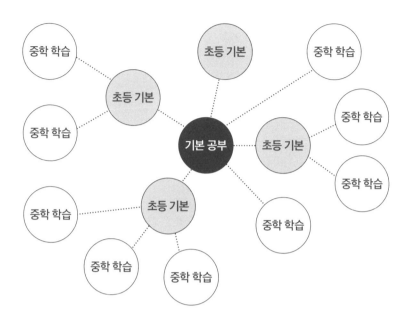

그럼 초등학생 때는 3개 정도 배우면 되었던 학습 내용이 중학교에서는 7~8개로 확장됩니다. 그뿐 아닙니다. 초등학교 때 배우지 않던 것을 배우기도 합니다. 고등학교에 가면 더욱 많은 것을 배우고 그 내용도 확장되겠죠. 중학교 때 학습 습관을 잡아 놓지 않으면 고등학교에서 학습량을 따라잡기는 더욱 힘들어집니다. 학습 습관이 잡혀 있지 않다면 길어지는 학습 시간과 늘어나는 학습량을 따라가기 힘듭니다.

학습량만 많아지는 것이 아닙니다. 중학교 1학년은 자유학기제나 자유학년제가 시행되면서 성적이 나오지 않아도 학습에 대한 부담은 있습니다. 하지만 성적이 나오지 않기에 막연하게 부담만 느낍니다. 그러다 중학교 2학년이 되면 시험 성적이 바로 숫자로 보입니다. 그래서 많은 아이가 공부에 대한 압박을 느끼게 되고, 실제로 공부 시간을 늘리고 공부에 매진하게 됩니다. 이 역시 학습 습관이 잡혀 있어야 늘어난 공부 시간을 감당할 수 있습니다.

학습량과 학습 시간의 압박을 견디기 위해서는 공부가 재미있어야 합니다. 재미있는 일이어야 꾸준히 할 수 있습니다. 물론 극상위 몇 %의 아이를 제외하고는 공부가 재미있을 리가 없지요. 그래도 다양한 방법을 통해 재미를 찾아야 합니다. 공부가 재미있어야 앞으로 점점 더 늘어나는 공부를 견딜 수 있으니까요.

중학생 때는 공부를 재미있게 하는 다양한 방법을 찾는 시기이기도 합니다. 힘들지만 참고 견딜 수 있는 내면의 동기가 있어야 공부가 재미있습니다. 공부의 동기를 북돋아 줄 수 있는 유튜브 영상이나 책을 찾아보는 것도 도움이 됩니다. 뒤에서 제시하겠지만 스터디 플래너 등을 사용해서 소소하게 목표를 성취할 수 있도록 하는 것도 좋습니다. 매일매일 작은 목표가 모여서 결국 커다란 목표를 달성할 수 있기 때문입니다.

▎ 집중력, 꾸준함이 핵심

수업 시간 많은 활동이 수행 평가에 반영되고 점수화됩니다. 저는 수업 시간에 사용한 학습지도 수행 평가 포트폴리오로 넣습니다. 수업 시간에 집중하지 않고 필기하지 않으면 점수가 감점됩니다. 아이들이 수업에 집중할 수밖에 없겠지요. 저뿐 아니라 다른 과목도 수행 평가로 포트폴리오나 학습지를 반영하는 경우가 많습니다. 모든 시간 수업 태도가 관찰되고 필기까지 검사하니 자연히 수업에 집중해야 합니다. 선생님 말씀을 듣고 중요한 부분을 찾아서 필기도 해야겠지요. 제대로 듣고 제대로 읽어야 중요한 내용을 필기하고 정리할 수 있습니다. 게다가 지필 평가도 치니 시험 대비도 해야 합니다. 학교생활 내내 학습을 중심으로 수업과 평가가 이루어집니다. 학교생활을 하면서 학습을 위한 습관이 잡히는 것입니다.

중학생 때 꾸준한 학습 습관을 잡아야 고등학생 때 공부에 빠르게 몰입할 수 있습니다. 공부는 엉덩이 힘으로 한다는 말이 있습니다. 중학생은 들썩거리는 엉덩이를 차분하게 가라앉히고 엉덩이 힘을 키우는 훈련을 해야 합니다. 수업 시간에 집중하고, 필기하고, 시험을 치면서 글을 읽고 구조화시키고, 이 모든 것을 스스로 할 수 있도록 해야 합니다.

▎스스로 공부하는 습관은 기본

수업이나 평가를 따라가기 위해서 초등학생 때보다 공부를 많이 하고 늘어나는 학습량과 학습 시간을 관리해야 합니다. 이를 위해서 스스로 공부하는 습관이 필요합니다. 억지로 공부해서는 결코 자기 것이 될 수 없습니다. 내가 해야 할 일이라고 생각하고 주도적으로 공부해야 합니다.

학교에서 관찰하면 상위권에 있는 아이들은 스스로 계획을 세워서 공부합니다. 그렇기 때문에 어디가 부족한지 파악하고, 부족한 부분을 어떻게 메울지 계획합니다. 자신의 수준을 파악하는 것도, 그에 맞춰 계획을 세우는 것도 다른 누군가가 대신할 수 없습니다. 스스로 공부를 해야겠다는 생각을 하고 공부하는 과정에서 학습 습관이 잡힙니다.

아무래도 1학년은 자유학기도 있고, 아직은 진로나 고입 등의 성적에 관한 압박을 받지 않아 느슨한 마음으로 학교에 다닙니다. 다시 생각해 보면 중학교 3년 중 가장 시간 여유가 있을 때가 중학교 1학년입니다. 이때 학습 습관을 잡기 위한 연습을 시작해야 합니다. 중학교 1학년에게는 3년의 시간이 있습니다. 이 시기를 제대로 관리해서 학습 습관을 잡아야 합니다. 잊지 마세요. 중학생 때 3년에 걸쳐 서서히 학습 습관을 잡아야 합니다.

6학년
공부 계획 세우기

· · ·

'중학교는 초등학교와 확실히 다르다'에서도 간단하게 살펴보았지만, 중학생은 초등학생과 다릅니다. 과목별로 다른 선생님들이 들어오고, 학습 내용도 더 많아집니다. 중학생이 되기 전, 6학년 때 국어, 영어, 수학 이 세 과목은 확실히 잡고 가면 좋겠습니다.

가장 중요한 것은 기본입니다. 시작부터 너무 달리지는 마세요. 처음부터 달리면 금세 지칩니다. 기본을 다지기 위해 1년간의 계획을 세워 보세요. 국어의 기본은 독서입니다. 하루에 한 시간 이상 독서 시간을 마련해서 문학 작품과 비문학 책을 읽습니다. 다양한 영역의 독서에 익숙해지면 6학년 2학기 즈음 독해 문제집을 풉니다.

영어의 기본은 단어입니다. 단어를 알아야 듣고 읽을 수 있습니다. 단어부터 시작해 듣기, 독해로 영어 공부를 확장해야 합니다. 영어 듣기와 영어 독해가 된다 싶으면 기틀을 다집니다. 6학년 2학기 정도에 영문법을 공부합니다. 이해력이 꽤 좋은 상태이기 때문에 영문법을 빠르게 이해할 수 있을 것입니다. 짧고 굵게 반복시켜주세요.

수학은 앞 단계가 마무리되지 않으면 다음 단계로 나갈 수 없습니다. 중학 수학을 하기 위해서 우선 초등 수학을 점검해야 합니다. 만일 초등 수학에서 부족한 부분이 있다면 그 부분을 다시 공부합니다. 부족한 부분을 다 채우고 중학 수학으로 넘어갑니다. 아이가 초등 수학을 충분히 잘 이해한다면 학기와 상관없이 중학 수학 선행을 시작하면 됩니다.

(1) 국어

▌선행이 아닌 독서

중학교 국어 공부를 따로 할 필요는 없습니다. 중학교 1학년까지는 무조건 독서입니다. 비문학 문제집을 풀더라도 독서가 바탕이 된 상태에서 풀어야 하며 어떤 국어 문제집을 풀더라도 독서가 기본입니다.

6학년 때는 청소년 문학 작품 읽기를 추천합니다. 다양한 출판사에서 청소년 문학 작품이 나오는데, 그중 200쪽 정도 분량의 작품들을 중심으로 꾸준히 읽게 합니다. 200쪽 정도의 책은 스토리가 길지 않아 갈등 구조나 사건이 복잡하지 않습니다. 청소년 문학이라 대부분 청소년의 성장에 초점이 맞춰져 있습니다. 이런 청소년 문학 작품을 읽으면 긍정적인 정서를 키울 수 있습니다. 또 자신과 비슷한 처지의 주인공이라 그 상황에 충분히 공감하며 책을 읽을 수 있습니다.

비문학 책(인터넷 서점에서 인문학, 사회과학, 역사, 과학, 예술, 종교 등의 영역에 있는 책들입니다. 도서관에 배치된 책 중에서는 8번 대로 시작하는 번호를 제외한 나머지가 모두 해당됩니다.)은 한 달에 한 권 정도, 문학 책은 일주일에 한 권 정도는 읽도록 해주세요. 독서 시간을 반드시 하루에 한 시간 이상은 확보해주세요. 중학교에 입학하고 나면 책 읽을 시간이 부족합니다. 입학하기 전, 초등 6학년이 책 읽기 제일 좋은 시간입니다.

[초등학교 6학년에게 추천하는 문학 작품]

· **현대**

《푸른 사자 와니니1, 2, 3》, 이현, 창비

《코드네임》 시리즈, 강경수, 시공주니어

《복제인간 윤봉구》 시리즈, 임은하, 비룡소

《불량한 자전거 여행1, 2》, 김남중, 창비

《축구왕 이채연》, 유우석, 창비

《초정리 편지》, 배유안, 창비

《호랑이를 덫에 가두면》, 태 켈러(강나은 역), 돌베개

《5번 레인》, 은소홀, 문학동네

《구미호 식당》, 박현숙, 특별한서재

《체리새우: 비밀글입니다》, 황영미, 문학동네

《손도끼》, 게리 폴슨(김민석 역), 사계절

《독고솜에게 반하면》, 허진희, 문학동네

《완득이》, 김려령, 창비

《줄무늬 파자마를 입은 소년》, 존 보인 (정회성 역), 비룡소

《열혈 수탉 분투기》, 창신강(전수정 역), 푸른숲주니어

《페인트》, 이희영, 창비

《방관자》, 제임스 프렐러(김상우 역), 미래인

《남매의 탄생》, 안세화, 비룡소

《시간을 파는 상점1, 2》, 김선영, 자음과모음

《까칠한 재석이》 시리즈, 고정욱, 애플북스

《알로하, 나의 엄마들》, 이금이, 창비

- **고전**

《톰 소여의 모험》, 마크 트웨인(지혜연 역), 시공주니어

《갈매기의 꿈》, 리처드 바크(공경희 역), 나무옆의자

《해저 2만리》, 쥘 베른(김주경 역), 시공주니어

《15소년 표류기》, 쥘 베른(김윤진 역), 비룡소

《토끼전》, 이혜숙, 창비

《박씨전》, 장주식, 나라말

《허생전》, 최수례, 보리

《홍길동전》, 김진섭, 고래가숨쉬는도서관

《춘향전》, 전국국어교사모임, 휴머니스트

《교과서에 나오는 흥부전 토끼전》, 이은주, 계림

《양반전 외》, 김수업, 휴머니스트

[초등학교 6학년에게 추천하는 비문학 도서]
- **과학·수학**

《위험한 과학책》, 랜들 먼로(이지연 역), 시공사

《더 위험한 과학책》, 랜들 먼로(이강한 역), 시공사

《번뜩이는 발명품 이야기》, 제임스 올스틴(심수진 역), 노란돼지

《야밤의 공대생 만화》, 맹기완, 뿌리와이파리

《수학이 풀리는 수학사 1~3》, 김리나, 휴머니스트

《이토록 재미있는 수학이라니》, 리여우화(김지혜 역), 미디어숲

 · **환경**

《미래를 위한 지구 한 바퀴》, 마르크 그라뇨(성소희 역), 청어람아이

《바다를 살리는 비치코밍 이야기》, 화덕헌, 썬더키즈

《그레타 툰베리》, 발렌티나 카메리니(최병진 역), 주니어김영사

《소 방귀에 세금을?》, 임태훈, 탐

 · **사회·역사**

《까대기》, 이종철, 보리

《가상현실, 너 때는 말이야》, 정동훈, 넥서스

《가짜 뉴스를 시작하겠습니다》, 김경옥, 내일을여는책

《별난 사회 선생님의 수상한 미래 수업》, 권재원, 우리학교

《왜 세계의 절반은 굶주리는가?》, 장 지글러(유영미 역), 갈라파고스

《버스를 탈 권리》, 홍은전, 강양구, 김은식, 강수돌, 박현희, 나무야

《역사의 쓸모》, 최태성, 다산초당

《간송 선생님이 다시 찾은 우리 문화유산 이야기》, 한상남, 샘터

《안네의 일기》, 안네 프랑크(이건영 역), 문예출판사

《용선생의 시끌벅적 한국사》, 금현진 외, 사회평론

 • **예술 및 기타**

《똑같은 빨강은 없다》, 김경서, 창비

《바보 빅터》, 호아킴 데 포사다·레이먼드 조(전지은 역), 한국경제신문

《열세 살, 외모 고민은 당연해》, 김민화, 위즈덤하우스

▎비문학 문제집으로 주제 파악 연습하기

독서가 바탕이 된 상태에서 비문학 문제집을 풉니다. 비문학 문제집은
중학생용으로 삽니다. 인터넷 서점에 '중학 국어 비문학'이라고 검색하
면 여러 비문학 문제집이 있습니다. 어떤 문제집이든 상관없습니다. 제
일 낮은 단계부터 매일 비문학 지문을 하나씩 풉니다.

　비문학 문제집을 푸는 목적은 문제 풀이가 아닙니다. 핵심 내용 찾기
입니다. 비문학 문제집을 푸는 것에 초점을 두지 말고, 맞든 틀리든 상
관없이 문단마다 중심 문장에 줄을 긋는 연습을 합니다. 줄을 긋고 나면
문단별 중심 내용을 한 문장으로 쓰게 합니다. 마지막으로 중심 내용을
연결해서 주제를 씁니다. 틀려도 됩니다. 글을 요약해보는 경험이 필요
합니다. 스스로 하는 것이 중요합니다.

지문에 딸린 문제는 보통 2~3개입니다. 문제를 풀고 채점한 다음, 문제마다 왜 정답이고 정답이 아닌지 분석합니다. 문제를 분석할 때는 답지를 보면서 합니다. 비문학 문제집의 답지는 굉장히 자세하게 설명되어 있습니다.

매일 지문 하나씩 풀게 합니다. 명심할 것은 독서가 제대로 된 다음에 비문학 문제집을 풀어야 한다는 점입니다.

(2) 영어

▎중학 필수 영단어

영어는 중학생용 영어 단어 문제집에 있는 중학 필수 영어 단어를 외웁니다. 영어 단어 외우기는 영어 공부에서 아주 중요합니다. 글을 읽고 이해해야 그 뜻을 파악할 수 있습니다. 영어 단어를 알아야 읽고 독해를 할 수 있습니다. 매일 10개든 30개든 꾸준히 외우고 시험을 칩니다. 영어 학원에 다니는 아이들을 보면 매일 조회 시간에 A4 한 페이지 가득한 영어 단어를 가져와서 외우고 있습니다. 아이들이 매일 외우는 영어 단어는 대략 40개 정도 됩니다. 학생들의 말에 따르면 학원 갈 때마다 영어 단어를 외우고 시험을 친다고 합니다. 초등학생은 아직 그만큼은 아니라도 영어 단어를 익혀 기초를 쌓아야 합니다. 우리말도, 단어를 알아야 읽고 내용을 파악할 수 있듯 6학년 때 중학 필수 영단어를 꾸준히 공부해야 합니다.

▎듣기 연습

영어 듣기도 중요합니다. 학교마다 다르지만, 전국 시도교육청에서 실시하는 영어 듣기 평가가 영어 수행 평가에 반영됩니다. 중학교 3년간 꾸준히 영어 듣기 실력을 쌓아두어야 고등학교에 가서 모의고사 및 수능의 영어 듣기 문제를 다 맞힐 수 있습니다. 영어는 갑자기 들리지 않습니다. 꾸준히 들어야 합니다. 영어 듣기 문제집으로 듣기 훈련을 하는 것도 좋습니다. 일주일에 1~2회 정도만 꾸준히 해도 영어 듣기 실력은 충분히 향상될 것입니다.

▎독해와 영문법

영어 단어를 외워 어휘력이 어느 정도 갖춰졌다 싶으면 영어 독해를 시작합니다. 여름방학 이전에는 시작하는 것이 좋습니다. 중학 영어 독해 문제집도 종류가 다양한데 수준이 낮은 것부터 찬찬히 합니다. 국어에서 읽기가 중요하듯 영어도 읽어야 실력이 향상됩니다.

중고등학교 시험에서 단골로 나오는 문제가 영문법 문제입니다. 시험 문제로 출제하기에 가장 깔끔한 영역도 영문법입니다. 영작을 해도 문법에 맞아야 합니다. 영어를 체계적으로 익혀야 제대로 쓸 수 있습니다. 영어는 체계가 갖춰진 학문입니다. 영문법을 공부하면 영어를 체계적으로 공부할 수 있습니다. 영문법을 공부할 때는 짧은 기간 동안 여러 번 반복합니다. 6학년 2학기 겨울방학 때까지 영문법을 두 번 이상 반복하기를 목표로 합니다.

[3] 수학

▌실력 점검 & 초등 수학 완전정복

수학은 단계형 과목이라 앞 단계를 제대로 익히지 못하면 다음 단계로 나아가지 못합니다. 6학년이 되면 중학 수학을 공부합니다.

하지만 그 전에 해야 할 것이 있습니다. 우선 아이의 초등 수학 수준을 점검해야 합니다. 특히 5학년 수학의 최대공약수, 최소공배수를 제대로 이해하고 문제를 풀 수 있는지 확인해야 합니다. 초등 수학이 부족하면 초등 수학을 다시 정리한 후 중등 수학을 들어가고, 초등 수학이 어느 정도 되어 있다면 중등 수학으로 바로 들어가면 됩니다. 초등학교까지 사고력 수학이나 여러 다양한 영역의 수학 공부를 하던 아이들도 중학생이 되면 교과 수학에 집중합니다.

▌선행은 개념 이해가 먼저다

대체로 6학년이 되면 중학 수학을 시작합니다. 늦어도 6학년 2학기 때는 중학 수학을 공부합니다. 한 학기 정도의 선행을 하면 학교 수업을 따라가기 훨씬 수월합니다. 빠르게 선행할 필요는 없습니다. 진로와 목적에 따라서 수학 선행의 목표와 방법이 달라집니다. 특목고를 목적으로 하는 아이라면 초등학교 6학년 때 최소한 중학교 2학년 수학까지는 선행을 해두는 게 좋습니다. 중학교 3학년 때 고등학교 3학년까지의 수학 선행을 한 번 이상은 해야 하기 때문입니다. 일반고를 목적으로 하는 아이는 한 학기에서 한 학년 정도의 선행을 목표로 공부하면 됩니다.

수학 공부를 할 때는 개념서를 보고, 유형 문제집을 풉니다. 개념서를 볼 때는 혼자서 공부하기보다는 설명을 듣는 것이 좋습니다. 엄마나 아빠가 직접 설명할 수 있으면 부모님과 함께 공부하고, 그것이 힘들다면 인터넷 강의를 추천합니다. EBS 중학의 인터넷 강의를 추천합니다. 중학 강의에서 사용하는 문제집을 사지 않고 개념을 설명하는 영상 부분만 참고해도 됩니다.

　개념을 듣는 것만으로는 그 개념을 내면화할 수 없습니다. 개념을 들은 후 개념서를 통해 스스로 개념을 익힙니다. 이 과정이 있어야 개념을 내 것으로 만들 수 있습니다. 개념을 이해하고 익히는 데 초점을 두고 공부한 다음 유형 문제집을 풉니다. 준 심화 문제까지 풀 수 있는 정도면 제대로 공부했다고 할 수 있습니다.

(4) 배치고사 준비하기

배치고사를 실시하는 학교도 있고, 실시하지 않는 학교도 있습니다. 배치고사 실시 여부는 학교 홈페이지에서 찾아보거나 학교에 직접 문의하는 것이 확실합니다. 배치고사의 범위는 초등학교 학습 범위이며, 과목은 국·영·수를 보는 경우가 많습니다.

　배치고사를 따로 준비할 필요는 없지만 불안하다면 서점에 가보세요. 다양한 배치고사 문제집이 나와 있으니 그중 마음에 드는 것을 하나 골라서 풀도록 합니다. 초등 범위이므로 아이의 초등학교 생활을 정리한다는 생각으로 가볍게 풀면 됩니다.

　배치고사를 일찍부터 공부할 필요는 없습니다. 시험 일주일 전부터 준비하면 됩니다. 미리 공부해두면 아무래도 자신감이 생깁니다. 그 자신감이 좋은 결과를 가져다줄 겁니다.

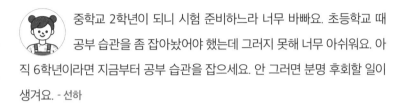

중학교 2학년이 되니 시험 준비하느라 너무 바빠요. 초등학교 때 공부 습관을 좀 잡아놨어야 했는데 그러지 못해 너무 아쉬워요. 아직 6학년이라면 지금부터 공부 습관을 잡으세요. 안 그러면 분명 후회할 일이 생겨요. - 선하

중학교에 와보니 생각보다 성적이 잘 나오지 않아요. 주요 과목 기초는 잘 다져두는 게 좋을 것 같습니다. 그리고 진짜 중요한 게 책 읽기입니다. 교과서부터 초등학교 때와는 수준이 달라요. 교과서에 모르는 단어가 너무 많아 공부하는 데 방해가 돼요. - 수아

주요 과목의 기초를 탄탄히 다져야 합니다. 책도 많이 읽어야 해요. 말로 표현하기는 힘든데 책을 읽지 않아서 그런지 이해가 잘 안 되는 부분들이 생기거든요. 책을 많이 읽은 친구들은 쉽게 이해하더라고요.
또 초등학교 때부터 발표를 좀 더 적극적으로 했다면 수행 평가를 좀 더 수월하게 했을 것 같아요. 그리고 중학생이 되니 시간이 별로 없어서 초등학교 때 다양한 체험을 했으면 좋았겠다 싶어요. 그래야 내가 잘하는 일과 좋아하는

일을 알 수 있을 것 같아요. 그리고 제가 몸이 약해서 공부하려니 체력적으로 많이 힘들더라고요. 초등학생 때 음식도 골고루 먹고 운동도 꾸준히 했다면 이렇게 힘들지 않았을 텐데 하는 생각도 들어요. 초등학생 때로 돌아가 실컷 놀고 싶기도 해요. - 채희

공부하는 습관 만들기요. 공부하는 습관은 한순간에 만들어지지 않거든요. 중학교에서는 초등학교 때처럼 놀기만 해서는 안 된다는 것을 너무 늦게 알았어요. 조금만 더 일찍 알았다면 더 좋았을 텐데 너무 아쉬워요. 또 책을 읽지 않은 것이 조금 후회됩니다. - 기찬

초등학교 5~6학년 때 친구 관계에 너무 신경을 많이 썼던 것 같아요. 그렇게까지 할 필요는 없었는데 말이죠. 또 키가 많이 크게 일찍 자고 밥 잘 먹고 운동 열심히 했다면 지금보다 좀 더 자라지 않았을까요? 아, 그리고 진짜 중요한 게 하나 더 있네요. 독서요. 책을 많이 읽어서 지식을 쌓았다면 훨씬 좋았을 것 같아요. - 영주

좀 더 공부를 열심히 하세요. 친구도 좀 더 많이 사귀고 더 많이 노세요. 중학생은 진짜 공부를 많이 해요. 그리고 밖에 나가서 운동도

많이 하세요. 생각보다 애들이 체력이 약해요. 사춘기가 시작되겠지만 가족에게 짜증 내지 말고 더 많은 시간을 함께 보내고 추억도 많이 쌓으세요. 시간이 지날수록 가족과 함께하는 시간이 점점 줄어들어요. - 준혁

 초등학교 때 친한 친구들과 자주 놀고 도서관에서 책도 많이 읽었었죠. 요즘에는 그 친구들과 좀 더 놀아둘 걸 하는 생각도 들어요. 서로 학원 시간이 안 맞고 만나기가 쉽지 않아요. 그때 책을 읽을 때 저는 제가 좋아하는 책만 읽었어요. 그런데 여러 종류와 여러 장르의 책을 읽었으면 좋았을 걸 싶을 때가 많아요. 조금 아쉽다고 해야 하나? 제일 중요한 건 다른 과목의 공부는 열심히 안 하더라도 수학과 영어는 꼭!! 해둬야 해요. 중학교 생활 쉽지 않아요. - 경민

 초등학생 때 친구가 평생 친구는 아니에요. 너무 친구에게 집착하지 마세요. 독서 중요해요. 책 많이 읽어두세요. 그리고 중학교 시험에는 서술형 문제가 많은데 글씨가 엉망이라 선생님이 읽지 못한 적도 있었어요. 글씨 또박또박 쓰는 것도 훈련해두면 좋아요. 글씨체도 미리 단정하게 바꾸고요. - 근녕

초등학교 때는 즐겁게 생활해도 될 것 같아요. 그리고 키가 크는 데 도움이 되는 음식을 많이 먹고 잠도 많이 자두세요. 초등학교 때는 제가 쑥쑥 자랄 줄 알았거든요. 지금은 너무 후회돼요. 또 국어, 과학 수업을 더 열심히 들었더라면 지금 성적이 조금은 더 오르지 않았을까 하는 생각을 해요. 수업 시간에 열심히 듣고 필기하는 게 너무 중요하더라고요. 중학교에 들어가기 전 EBS 강의 같은 걸 미리 봐두세요. 예습을 해야 수업 내용을 이해하기 쉬울 것 같아요. 마지막으로 내가 좋아하는 운동을 더 했으면 하는 미련이 남아 있습니다 - 경진

 중학교 때는 초등학교 때 배우는 것과 내용이 엄청나게 달라져요. 중학교 들어가기 전 6학년 여름부터는 미리 공부를 해두세요. 특히 국어, 영어, 수학, 역사가 제일 어려운 것 같아요. 이 과목들은 초등학교 때 꼭 한 번은 공부하고 가세요! - 재원

학교생활,
아는 만큼 보인다

중학교 교육과정과 활동

. . .

중학교 교과와 활동

중학교 교육과정은 교과(군)와 창의적 체험 활동으로 편성됩니다.

교과(군)에는 국어, 사회(역사 포함), 도덕, 수학, 과학, 기술·가정, 정보, 체육, 예술(음악. 미술), 영어, 선택 교과가 있습니다. 선택 교과에는 한문, 환경, 생활외국어(독일어, 프랑스어, 스페인어, 중국어, 일본어, 러시아어, 아랍어, 베트남어), 보건, 진로와 직업 등이 있습니다.

창의적 체험 활동은 자율 활동, 동아리 활동, 봉사 활동, 진로 활동입니다. 중학생은 3년간 3,060시간의 교과와 306시간의 창의적 체험 활동을 이수해야 합니다. 이 시수를 3개 학년에 배분하여 3년간의 교육과정편제 및 시간을 배당하여 계획합니다. 그 결과가 교육과정편제 및 시간 배당표입니다.

아이의 3년간 교육과정편제 및 시간 배당표를 알고 싶으면 학교설명회에서 제공하는 학부모 안내 자료를 찾아보세요. '○○학년도 ○학년 3개년 교육과정편제 및 시간 배당'이라는 이름으로 복잡한 표가 나와 있을 겁니다. 이 표에 의해 그해 교과 선생님의 수가 정해지고, 학교의 각종 행사가 운영됩니다.

다음 표(80~81쪽)는 2015 개정교육과정의 '초중등학교 교육과정 총론(제2015-74호)'에서 초등학교와 중학교에 제시된 시간 배당 기준입니다. 학년군별 총 수업 시수에서 초등학교는 2개 학년씩이니 나누기 2를 하고, 중학교는 3개 학년이니 나누기 3을 하면 됩니다. 아마 모든 교과목의 시수가 다 늘어난 것을 확인할 수 있을 겁니다.

▌지필 평가와 수행 평가

평가는 지필 평가와 수행 평가가 있습니다. 평가 기본 사항으로 지필 평가는 학기당 2회 이상으로 합니다. 그런데 주당 2시간 미만인 과목이나 수행 평가 비율이 60% 이상이고 수행 평가를 2회 이상 실시하는 과목

[초등학교 수업 시수]

구 분		1~2학년	3~4학년	5~6학년
교과(군)	국어	국어 448	408	408
	사회/도덕		272	272
	수학	수학 256	272	272
	과학/실과	바른 생활 128	204	340
	체육	슬기로운 생활 192	204	204
	예술(음악/미술)		272	272
	영어	즐거운 생활 384	136	204
소계		1,408	1,768	1,972
창의적 체험 활동		336 / 안전한 생활 (64)	204	204
학년군별 총 수업 시간 수		1,744	1,972	2,176

① 이 표에서 1시간 수업은 40분을 원칙으로 하되, 기후 및 계절, 학생의 발달 정도, 학습 내용의 성격, 학교 실정 등을 고려하여 탄력적으로 편성·운영할 수 있습니다.
② 학년군 및 교과(군)별 시간 배당은 연간 34주를 기준으로 한 2년간의 기준 수업 시수를 나타낸 것입니다.
③ 학년군별 총 수업 시간 수는 최소 수업 시수를 나타낸 것입니다.
④ 실과의 수업 시간은 5~6학년 과학, 실과의 수업 시수에만 포함된 것입니다.

[중학교 수업 시수]

구 분		1~3학년
교과(군)	국어	442
	사회(역사 포함)/도덕	510
	수학	374
	과학/기술·가정/정보	680
	체육	272
	예술(음악/미술)	272
	영어	340
	선택(한문, 환경, 생활외국어(독일어, 프랑스어, 스페인어, 중국어, 일본어, 러시아어, 아랍어, 베트남어), 보건, 진로와 직업 등)	170
	소계	3,060
창의적 체험 활동		306
총 수업 시간 수		3,366

① 이 표에서 1시간 수업은 45분을 원칙으로 하되, 기후 및 계절, 학생의 발달 정도, 학습 내용의 성격, 학교 실정 등을 고려하여 탄력적으로 편성·운영할 수 있습니다.
② 학년군 및 교과(군)별 시간 배당은 연간 34주를 기준으로 한 3년간의 기준 수업 시수를 나타낸 것입니다.
③ 총 수업 시간 수는 3년간의 최소 수업 시수를 나타낸 것입니다.
④ 정보 과목은 34시간을 기준으로 편성·운영합니다.

은 지필 평가를 학기당 1회 실시할 수 있습니다. 기술·가정, 예체능 과목은 과목 특성상 학교 학업성적관리규정으로 정하면 수업 활동과 연계하여 수행 평가만으로 평가가 가능합니다. 지필 평가를 칠 때, 서술형 평가(논술형 포함) 배점이 환산 총점(학기 말에 성적을 낼 때 총점 100점을 만들기 위해 지필 평가와 수행 평가에서 환산되는 비율입니다)의 50% 이상이어야 하고 수행 평가는 환산 총점의 30% 이상이어야 합니다.

제 평가 계획서를 기준으로 간단히 말씀드리겠습니다. 올해 저는 지필 평가를 1회만 실시합니다. 그래서 지필 평가 40% + 수행 평가 60%(학습 과정 평가 40% + 독서 노트 20%)로 1학기 평가를 계획했습니다. 수행 평가 비율이 60% 이상이고 수행 평가가 2회 이상이기 때문에 지필 평가를 1회만 칠 조건이 갖춰진 것이죠. 지필 평가에서 100점을 받으면 40점으로 환산되고, 수행 평가에서도 각각 100점을 받으면 40점과 20점으로 환산되어서 그 합이 학기 말 성적으로 나옵니다.

수행 평가 60%	**+**	지필 평가 40%
├─ 학습 과정 평가 : 만점 ⋯⋯▸ 40점 ①		└─ 만점 ⋯⋯▸ 40점 ③
└─ 독서 노트 : 만점 ⋯⋯▸ 20점 ②		

① + ② + ③ = 100점

▎빡빡한 중학생 일 년 살이

교육과정과 평가를 살펴보았습니다. 그럼 중학생의 일 년을 살펴볼까요?

3월이 되면 1학년은 입학식으로, 2, 3학년은 개학식으로 새 학기를 시작합니다. 담임선생님도, 아이의 학교생활도 궁금할 거예요. 학교설명회에 가면 이런 궁금증이 많이 해소되죠. 학교설명회는 주로 3월 셋째 주 목요일이나 금요일쯤 합니다. 학교설명회 전후에 학부모 상담주간도 있습니다.

4월 첫 주나 둘째 주쯤 진단 평가도 있습니다. 전년도 성취 수준을 파악하기 위함이라 문제가 쉬운 편입니다. 이 점수는 학교생활기록부에 기록되지 않습니다. 4월 말~5월 초에는 수행 평가를 합니다. 수행 평가는 대체로 과목마다 학기당 2회 이상 실시하는데, 과목이 8개라면 학기당 최소 16회 이상의 수행 평가가 있다고 보면 됩니다. 지필 평가까지 더하면 한 학기 동안 20회 이상의 평가를 치르는 셈입니다. 수업 중 참여도, 성실도 등이 수행 평가의 중요한 요소입니다. 수행 평가가 끝나면 지필 평가가 기다립니다.

5월 초쯤 1차 지필 평가가 있습니다. 지필 평가를 치지 않는 학년은 지필 평가 기간에 정상 수업을 운영하거나 진로 체험을 합니다. 지필 평가를 1회 치는 과목은 대체로 2차 평가 때 시험을 칩니다. 그래서 1차 지필 평가를 치는 과목 수가 2차 지필 평가를 치는 과목 수보다 적습니다. 지필 평가를 치고 나면 서술형 확인, 지필 평가 성적 확인 등으로 5월을 마무리합니다. 스승의 날 즈음해서 체육대회도 있습니다. 1학기 행사 중 아이들이 가장 기다리는 행사이지요. 5월 말~6월 초, 수행 평가가 또 있습니다. 6월 말~7월 초에 2차 지필 평가도 있고요. '수행-지필-수행-지필'로 빡빡하지요? 7월 중순이 되면 빡빡한 1학기를 마무리하고 여름방학을 맞이합니다. 부모님이 가장 기다리는 것이 성적표일 텐데요. 1학년은 자유학기제 기간에는 성적이 나오지 않습니다. 수업 중 활동한 성취 정도만 기록되어 있습니다.

2학기는 더 빨리 지나갑니다. 9월 즈음 학부모 상담주간, 9월 말~10월 초 1차 지필 평가, 10월 즈음 수학여행 및 수련회(1학기에 가기도 합니다), 11월 대학수학능력시험과 교원능력개발평가, 11월 말~12월 초 2차 지필 평가, 12월 학교 축제까지 빠르게 지나갑니다. 9월 중순~11월 중순쯤에 수행 평가가 또 있고요. 12월 말~1월 초에 겨울방학식을 합니다.

이것이 끝이 아닙니다. 바쁜 학교 일정 중에 틈틈이 독서와 봉사 시간도 챙겨야 합니다. 이 일정을 소화하려면 학교생활을 성실하게 해야 합니다. 중학생의 일 년을 표로 만들어봤습니다.

월	학교행사	공통사항
3월	입학식·개학식 / 학교설명회 / 학부모 상담	
4월	진단 평가 / 학부모 공개수업 / 수행 평가	
5월	체육대회 / 1차 지필 평가 / 성적 확인	
6월	수행 평가 / 2차 지필 평가	
7월	성적 확인 / 학기 말 성적 마감 / 여름방학식	
8월	개학식	독서 기록
9월	학부모 상담 / 수행 평가 / 1차 지필 평가	봉사 시간
10월	수행 평가 / 수학여행·수련회	
11월	대학수학능력시험 / 교원능력개발평가	
12월	2차 지필 평가 / 학기 말 성적 마감 / 학교 축제	
1월	겨울방학식	
2월	졸업식·종업식 / 반 편성	

3월,
입학식과 학교설명회

• • •

(1) 입학식

설레는 입학식 날. 초등학교 입학식은 가족들이 모두 참관하는 경우가 많습니다. 중학교 입학식도 설레기는 마찬가지입니다만, 초등학교처럼 할머니나 할아버지까지 오는 경우는 많지 않습니다. 대부분 부모님만 참석하거나 안 오는 부모님도 다수입니다.

학교 강당, 약 10시에 입학식을 합니다. 담임선생님들도, 학생들도 처음 만나는 자리입니다. 키가 클 것을 고려해 남의 옷을 빌려 입은 양 다소 크지만, 빳빳한 새 교복을 어색하게 입은 신입생들은 한껏 기합이 들어있습니다. 교장 선생님 말씀, 내빈 말씀, 장학금 수여, 담임선생님 발표, 신입생 선서 등을 하며 2시간가량의 입학식이 진행됩니다.

입학식이 끝나면 학생들은 담임선생님을 따라 각자 교실로 이동합니다. 교실에서 다시 담임선생님과 인사합니다. 담임선생님은 학생들에게 간단하게 안내할 사항들을 전달하고 가정통신문, 각종 동의서, 제출 서류 등을 나눠줍니다. 아이들에게 배부하는 안내문이 많습니다. 이때 나눠주는 서류들은 향후 아이들의 학교생활에 꼭 필요한 것들이므로 기한에 맞추어서 반드시 제출해야 합니다.

▎입학식 풍경과 일정

부모님들은 학교 강당에서 입학식을 봅니다. 간혹 교실까지 오는 경우가 있는데 그러면 학생들도, 담임선생님도 집중이 되지 않습니다. 입학식까지 보고 가벼운 발걸음으로 돌아가시면 됩니다. 담임선생님과의 만남은 학교설명회와 상담주간에 해주세요. 입학식 날은 아직 아이들을 잘 모르기도 하고 너무 정신이 없어서 이야기해도 기억하기 힘듭니다.

부모님이 입학식에 참석하는 것이 좋기는 하지만 입학식에 참석하지 못했다고 해서 속상하거나 서운해할 필요 없습니다. 입학식 내내 아이들도 부모님과 대화할 시간이 거의 없습니다. 담임선생님 또한 빈 아이를 챙기고 각종 자료를 배부하느라 바빠 부모님들과 이야기를 나눌 틈이 없습니다. 부모님들이 참석하셔도 입학식 동안 뒤에서 지켜보는 정도입니다. 입학식에 참석하면 좋고, 참석하지 못해도 아이에게 미안할 필요 없습니다.

입학식 날은 책가방과 실내화, 필통, 메모할 것 정도로 챙깁니다. 대부분의 학교에서 오전에 입학식과 담임선생님과 반별 오리엔테이션을 한 후 점심을 먹습니다. 5, 6교시가 되면 신입생 전체를 대상으로 오리엔테이션을 합니다. 교무부장 선생님이 학교 전체 운영이나 일정을 안내하고 인성부장 선생님이 학교 교칙이나 복장 규정, 등하교 시간 등과 학교생활 중 지킬 것을 설명합니다. 입학식 날 과목 수업은 대부분 하지 않습니다.

여러 선생님의 협박 섞인 당부를 들은 아이들은 앞으로 학교생활에 대해 바짝 긴장해 있을 것입니다. 학교마다 정규 수업을 1~2시간 하기도 하니 학교의 안내에 따라 준비물을 챙기세요. 입학식 다음 날부터는 바로 정상 시간표대로 운영합니다.

▎3월, 서류 반드시 제출하기

입학하고 3월 내내 제출해야 하는 서류를 가지고 올 겁니다. 개인정보 이용 동의서, 스쿨뱅킹 신청서, 독서교육종합지원시스템 회원 가입 신청서 등 안내문이 많습니다. 다 확인하시고 필요한 내용을 적어 L자 파일에 넣어 보내면 됩니다. 요즈음에는 알림장 애플리케이션을 통해 안내문을 제출하기도 합니다. 학교에서 제공하는 방법에 따라서 서류를 제출합니다. 이 서류들은 반드시 제출해야 하는 것들이니 꼭 챙겨 주세요.

▎엄격해진 분위기에 주눅 든 아이 마음 다독이기

중학교는 아무래도 초등학교만큼 친절하게 대할 수 없습니다. 선생님들끼리는 중학교 1학년 아이들이 귀엽다고 이야기합니다. 하지만 1학년 때 분위기가 잡혀야 사춘기의 최절정인 중학교 3년을 탈 없이 보낼수 있기 때문에 아이들을 대할 때는 엄한 편입니다. 혹시 아이가 입학하고 와서 학교가 무섭다고 이야기하더라도 몇백 명의 사춘기 청소년이 매일 사고 없이 지내게 하기 위함이라 생각하고 학교의 분위기를 너그러이 이해해주세요.

입학식을 하고 집에 온 아이의 이야기도 잘 들어주세요. 아마 온종일 잔뜩 긴장하고 있었을 겁니다. 아이의 시작을 응원하고 격려해주세요.

(2) 학교설명회

학교설명회는 학기별로 한 번씩 있습니다. 보통 1학기는 학교설명회라는 이름으로, 2학기는 진학설명회라는 이름으로 운영됩니다(2학기의 진학설명회는 엄밀하게 말하면 학교설명회는 아닙니다). 학교설명회와 진학설명회의 목적은 다르지만, 진행 과정은 비슷합니다.

▌학교 전반에 관한 설명 중심

학교설명회는 보통 3월 말 즈음 합니다. 대개 직장에 다니는 부모님을 위해 오후 6시 이후에 시작합니다. 학교설명회는 학부모님들께 학교에 대해 안내하고 설명하는 것이기 때문에 전체적인 학교 안내 및 선생님들 소개가 주 내용입니다. 학교설명회에서 학교 교육과정 안내 책자가 제공됩니다. 이 책자 안에 학교의 교육 방향, 교육목표, 교육철학, 일과 운영, 학년별 교육과정편제 및 시간 내용, 학사일정, 작년 고교 진학률 등 학교 운영 전반에 관한 내용이 안내되어 있으니 잘 챙겨놓으세요. 학교장 인사, 담임선생님, 부장 선생님 소개 등을 하고 나서 학교 운영 전반에 대한 내용과 각종 운영 계획, 학부모 연수가 이어집니다. 학교마다 이후에 강사를 초빙해서 학부모교육이나 입시 관련 강의를 하기도 합니다. 약 1시간 반에서 2시간가량의 설명회가 끝나고 나면 자녀의 교실로 갑니다.

▌담임과의 시간 운영

많은 부모님이 학교설명회에 오는 목적 중 하나가 이 시간이 아닐까 합니다. 교실에 가면 담임선생님이 학부모님들을 기다리고 있습니다. 담임선생님 소개 때 인사했지만 이렇게 가까이서 얼굴을 보는 것은 처음입니다. 어색한 분위기에서 담임선생님들은 자신과 학급 운영을 소개합니다.

여러 부모님이 한 공간에 있어서 개별 상담은 힘듭니다. 전체적으로 유의할 점에 대한 간단한 안내나 인사 정도라고 생각하면 됩니다. 아이들과 만난 지 아직 한 달도 안 되어서 아이를 완전하게 파악하기 힘든 시간입니다. 아이에 대해서 알려야 할 것이 있으면 이때 알려주세요. 향후 아이를 파악할 때 도움이 됩니다. 담임과의 시간에 다른 학부모님들이 가기를 기다렸다가 상담하는 분도 있습니다. 그러나 대부분 이야기할 시간이 부족합니다. 상담주간에 아이에 대해 깊이 있는 상담을 하는 것이 낫습니다.

▌진학설명회 진행 과정

2학기에 운영하는 진학설명회는 대개 3학년 학부모를 위한 설명회입니다. 진학설명회 역시 대체로 6시 이후 시작합니다. 3학년 학부모를 대상으로 하지만 1,2학년 학부모 참석을 허용하는 경우도 있습니다. 진학을 위한 설명회라 진학 전문가를 초빙해 진학 특강을 듣는 것으로 진학설명회를 시작합니다. 이 강의는 3학년을 위한 것이지만 1,2학년 부모님께도 도움이 됩니다. 중학교와 고등학교 로드맵을 계획하기 좋기 때문입니다. 그래서 기회가 된다면 참석하기를 추천합니다. 선생님들도 학생 지도에 도움이 되어서 특강을 주의하여 듣곤 합니다. 아이들에게 도움이 되는 특강은 와서 들으라고 권하기도 합니다.

　진학 특강을 듣고 학교장 인사 후 자녀의 교실로 가서 담임선생님과 상담 시간을 갖습니다(1, 2학년의 경우 담임선생님과의 시간이 없을 수도 있습니다). 이때는 아이들과 함께한 시간이 있어서 담임선생님이 아이들에 관해 이야기할 수 있습니다.

　이때도 개별 상담은 쉽지 않지만 가능하면 아이들에 대해 간단하게 말씀드리는 편입니다. 1학기 때는 아이들을 알아가는 단계여서 부모님들이 먼저 아이에 관해서 이야기했다면, 2학기에는 1학기 성적도 나왔고, 반년가량 아이를 지켜보았기 때문에 상담할 내용이 있습니다. 많은 분이 남아 있으면 심도 있는 상담은 힘들지만 간단한 상담 정도는 가능합니다.

학교설명회를 할 때 입구에 반별로 학부모 방문자 확인을 합니다. 담임선생님들은 그 방문자 명단을 보고 상담을 위한 자료를 준비합니다. 그러니 학교설명회에 가면 꼭 명단에 이름을 작성해주세요. 그래야 아이에 대해 준비된 상담을 받을 수 있습니다.

학교설명회를 하면 담임선생님과 학부모님이 직접 얼굴을 마주할 수 있는 시간을 가질 수 있어 서로 이해의 폭이 넓어집니다. 학부모님들께도 학교설명회가 학교에 관해 잘 알 수 있는 계기가 되었으면 좋겠습니다.

4월,
진단 평가와 학부모 공개 수업

• • •

(1) 진단 평가

자유학기제에서 아마 거의 유일하게 일괄로 치는 시험이 진단 평가가 아닐까 싶습니다. 진단 평가는 지난 일 년간 배운 내용을 토대로 학생의 학습 수준을 파악하기 위한 시험으로, 전국의 중1 학생은 동일한 시험지로 평가합니다.

▎진단 평가란

진단 평가는 전년도의 학습 내용을 얼마나 잘 배웠는지 진단하는 평가입니다. 어렵게 내지는 않지만, 현재 나의 위치를 가늠할 수 있는 평가입니다. 이 평가 결과는 학교생활기록부에 기록되지 않으며 단지 학생들의 수준을 파악하는 도구로만 사용됩니다.

진단 평가 내용은 전국이 동일하나 날짜는 학교마다 다릅니다. 진단 평가를 시행한 후 문제가 유포되면 다른 학교의 진단 평가 결과에 영향을 미칠 수도 있어 진단 평가 후 반드시 시험지를 수거합니다. 당일 사정이 생겨서 혹시 시험을 치지 못한다 해도 안타깝지만 시험지가 따로 배부되지는 않습니다.

진단 평가는 선다형 문제로 이루어져 있습니다. 국어, 영어, 수학, 사회, 과학의 다섯 과목 중 학교의 운영상황에 따라 학교장 재량으로 시험 과목의 수를 결정합니다. 대부분은 특정한 하루를 정해 온종일 시험을 칩니다.

진단 평가를 치기 전부터 시험 결과를 걱정하는 아이들이 많습니다. '평가'라는 이름이 붙어서 그런 듯합니다. 진단 평가는 지난 학년 학습 내용을 얼마나 익혔는지 확인하는 시험입니다. 30문제로 문제 수준은 쉬운 편입니다. 몇 점을 받는지 확인하는 시험이 아니라 기준 점수를 넘기는 것이 중요한 시험입니다. 기준 점수 이상이면 통과됩니다. 진단 평가를 잘 치기 위해 미리 문제집으로 공부할 필요는 없습니다.

그 기준 점수는 교과목마다 조금씩 다릅니다. 만일 기준 점수보다 미달일 경우 지난 학년 수업을 제대로 이해하지 못한 것으로 판단되어 기초학력 수업을 들을 수 있습니다. 그런데 반마다 과목별 점수 미달인 아이가 많지는 않습니다. 대부분이 기준 이상의 점수를 받습니다. 진단 평가의 역할은 기초 학력의 정도를 판단하는 것까지입니다. 그러니 진단 평가의 결과를 너무 걱정할 필요는 없습니다.

▍진단 평가 성적표

진단 평가를 치고 나서 몇 주가 지나면 성적표가 나옵니다. 시험지가 없는 상황에서 어떤 문제가 맞고 틀렸는지 정확히 알기는 힘들지만, 문제별로 정오표와 아이가 받은 점수 등이 나옵니다. 그 점수를 보고 아이의 수준을 가늠할 수 있습니다.

진단 평가 성적표 제공이 원칙은 아닙니다. 학교에 따라 성적표를 제공하지 않기도 합니다. 이때는 과목별 기준 점수 미달인 아이에게만 담임선생님이 개별적으로 안내합니다. 성적표 제공 여부는 근무했던 학교마다 달랐습니다. 진단 평가 성적표를 제공하는 곳도 있고, 제공하지 않는 곳도 있었습니다. 이 성적은 학교 성적과 완전히 비례하지는 않지만 진단 평가 성적표가 나온 뒤 그 결과를 바탕으로 상담하기도 합니다.

만약 학교에서 성적을 알려주지 않았는데 점수가 궁금하다면 아이가 직접 담임선생님께 문의해도 됩니다. 따로 연락이 없으면 기준 점수 이상이라는 뜻이니 혹시 성적표를 가져오지 않더라도 걱정할 필요는 없습니다.

진단 평가는 쉽게 출제되지만 이것도 시험이기 때문에 100점을 받기 쉽지 않습니다. 혹시 아이가 100점을 받았다면 잘했다고 칭찬하고 격려해주세요. 진단 평가 결과가 100점이라면 평소 성실하고 공부를 열심히 한 아이일 가능성이 큽니다. 아이가 지금처럼 성실하고 꾸준하게 공부한다면 분명 좋은 결실을 볼 것입니다.

▌진단 평가는 학습 내용 파악 계기로 활용하기

진단 평가, 어렵거나 힘든 시험은 아닙니다. 하지만 중요하지 않은 시험은 없습니다. 진단 평가도 마찬가지입니다. 진단 평가를 통해 지난 학년 내용을 얼마나 숙지했는지 파악하고 부족한 부분을 보완하는 계기로 삼을 수 있습니다.

실제 중요성은 떨어져도 시험이기 때문에 아이들은 긴장할 수밖에 없습니다. 적당한 긴장감을 가지는 것은 중요합니다. 이 긴장감을 통해 어떤 일이든 충실하게 임하는 태도를 익히는 기회가 되기 때문입니다. 아이가 진단 평가에 부담을 느끼지 않고 편안하게 시험을 칠 수 있게 적절히 독려와 격려를 해주세요.

(2) 학부모 공개수업

1학기 4월 말~5월 초, 2학기 9월~10월 즈음 학부모 공개수업을 합니다. 초등학교 저학년 교실에는 학부모 공개수업 날 교실이 꽉 찰 정도로 많은 분이 오지만, 학년이 올라갈수록 참석하는 부모님도 줄어듭니다. 고등학교는 거의 오시지 않고, 중학교의 경우 한두 분 정도 참석합니다(물론, 학교에 따라 많은 분이 오기도 합니다).

▎운영 방식

중학교에서는 공개수업 날, 학부모님이 거의 안 오기 때문인지 공개수업을 위해 특별한 준비는 하지 않습니다. 저 역시 수업이나 아이들의 수업 태도를 평소대로 보여야 한다고 생각해서 늘 하던 대로 수업합니다. 평소에 쓰지 않던 학습 목표를 쓴다든가 평소 잘 입지 않던 정장을 입는 것이 좀 다를 뿐입니다.

주로 2~3교시 수업을 공개하는데 전 과목 선생님의 수업을 공개하는 것이 원칙입니다. 그래서 시간표를 바꿔서라도 되도록 모든 선생님이 공개수업을 합니다. 많은 부모님이 담임선생님의 수업을 보기를 원하고 담임선생님도 다른 반 아이들보다는 자기 반 아이들이 더 편하기 때문에 담임선생님들은 대부분 자기 반을 공개수업 반으로 지정합니다(그것이 원칙은 아닙니다). 비담임 선생님의 경우에는 공개수업 시간에 해당하는 반을 그대로 공개수업 반으로 하거나 원하는 반을 공개수업 반으로 지정합니다.

공개수업을 하기 전에 가정통신문을 통해 참가 희망을 받습니다. 반마다 희망 인원이 한 명인 반도 있고 두세 명인 반도 있습니다. 희망 인원이 없는 반도 있습니다. 물론 공개수업이라고 해서 더 준비하는 것은 별로 없습니다.

그래도 평소 수업보다 더 긴장되는 것은 어쩔 수 없습니다. 아이들도 생각보다 많이 긴장하는데, 특히 부모님이 오시는 아이들은 다른 아이들보다 더 긴장하는 편입니다. 평소에 장난을 많이 치는 장난꾸러기들도 이날만은 진지합니다. 평소 아무리 질문해도 대답하지 않던 아이들도 이날은 손을 들고 발표합니다.

공개수업 날 적극적이고 진지한 아이들을 보면 농담 삼아 매일 공개수업을 해야겠다고 이야기하기도 합니다. 아이들도 지지 않고 선생님들은 공개수업 날만 정장을 입고 온다고, 선생님들도 평소와 다르다고 농담합니다. 선생님과 학생 모두 긴장하는 날이 공개수업 날이 아닐까 싶습니다.

▌공개수업 후 간단한 상담

보통 담임선생님의 공개수업이 끝나고 나서 쉬는 시간에 학부모님과 담임선생님의 간단한 상담이 이어지곤 합니다. 공개수업 후 바로 가는 분도 있지만, 상담을 하기도 합니다. 담임선생님이 다음 시간 수업이 없다면 상담이 길게 이어지기도 하지만 대부분 쉬는 시간 동안 간단하게 상담합니다.

한번은 제가 담임을 맡은 반에서 제일 장난이 심한 아이의 아버지가 연차까지 내고 수업을 보러 오셨습니다. 집에서 너무 산만해서 학교에서의 모습이 궁금해서 아버지 혼자 오신 겁니다. 아이는 공개수업이라고 크게 다른 모습을 보여주지 않았습니다. 공개수업이 끝나고 쉬는 시간에 그 아버지가 "평소에도 저렇게 산만하냐"고 물었습니다. 사실 공개수업이라 평소보다 훨씬 얌전했습니다. 그래도 사실대로 말씀드리면 너무 실망하실 것 같아 "장난을 칠 때도 있지만 집중을 잘할 때도 있다"고 대답했습니다. 그 아버지는 아이가 너무 산만하다며 "심한 장난꾸러기를 맡기게 되어 너무 죄송하고 감사하다"고 연신 인사하고 가셨습니다. 이 에피소드는 특별한 경우였고, 대체로 공개수업이 끝나기 전에 조용히 나가시거나 공개수업이 끝나고 "선생님 고생하셨어요" 하고 인사하고 가시는 편입니다.

아마 공개수업 동안 자녀의 모습만 보일 것입니다. 공개수업이라 하더라도 평소 수업 그대로 진행하기 때문에 아이의 평소 수업을 들을 때의 모습을 짐작할 수 있습니다. 하지만 앞서 이야기했다시피 아이들도 바짝 긴장해 있어서 그 모습이 평소 진짜 모습은 아닙니다. 평소 수업을 들을 때는 그보다 열 배 정도 더 자유롭다고 생각하면 됩니다. 그래도 공개수업 동안 아이의 수업 중 태도를 보면 평소 수업 시간에 아이가 어떻게 활동할지 충분히 가늠되리라 생각합니다. 아, 당연한 이야기지만 수업 중 촬영은 불가합니다(사진, 동영상 모두 불가).

▌공개수업 후 일정

제가 근무하는 학교에서는 2~3교시 학부모 공개수업 후, 4교시에 교장

실에서 학부모님과 간단한 간담회를 합니다(간담회를 하지 않는 학교가 더 많습니다). 아마 학부모님들이 많이 오지 않아서 가능한 것이 아닐까 합니다. 학부모님들과 교장 선생님이 직접 대화를 나누는 시간입니다. 교장 선생님은 학부모님들에게 직접 학교에 건의할 사항이나 여러 의견을 들을 수 있고, 학부모님들도 학교의 대표인 교장 선생님의 교육철학이나 학교의 여러 이야기를 직접 들을 수 있어 서로의 입장을 이야기 나누는 좋은 기회입니다.

학부모로서 늘 닫혀있던 학교가 열리는 날이 학부모 공개수업일이라 할 수 있습니다. 학교설명회는 방과 후에 진행되므로 실제 아이들이 수업을 듣는 모습이나 생활 모습을 살피기 힘듭니다. 학부모 공개수업일이 당연히 약간의 포장은 있겠지만 아이들의 학교 생활을 가장 가까이서 볼 수 있는 날이라 생각됩니다. 물론, 공개수업일 하루로 아이의 학교 생활을 다 알 수는 없습니다. 하지만 학부모 공개수업일은 학교에서 친구들과의 관계, 수업 시간 참여 태도 등을 두루 관찰할 수 있는 날입니다.

5월,
지필 평가와 체육대회

· · ·

(1) 지필 평가

중학교 1학년 1학기는 대부분 자유학기제를 운영하기 지필 평가를 치지 않습니다. 모든 수업이 다양한 활동 중심으로 운영되며 선생님은 아이의 수업 중 활동을 관찰한 결과를 성취 기준 중심으로 서술합니다. 우리가 흔히 성적표라면 떠올리는 숫자가 중학교 1학년 1학기 성적표에는 없습니다. 이때 설사 지필 평가를 친다고 하더라도 고입에 반영될 가능성은 거의 없습니다.

유의미한 성적이 숫자로 기록되는 지필 평가는 2학기가 되어야 합니다. 수행 평가 비중이 늘면서 지필 평가 없이 수행 평가로만 성적을 내는 과목도 있습니다. 하지만 어떤 과목도 지필 평가만 치는 경우는 없습니다. 모든 과목은 반드시 수행 평가를 하고, 수행 평가 횟수나 비율에 따라 지필 평가 실시 여부를 결정합니다.

▌ 지필 평가와 공부 방법

지필 평가 날짜는 학년 초에 공지합니다. 정보공시 기간에 맞추어 지필 평가와 수행 평가의 비율, 수행 평가 항목 등의 평가 계획도 안내됩니다. 구체적인 시험시간표는 지필 평가 2주일 전쯤 나옵니다. 시험 한 달 전쯤부터 평가를 대비해서 전체적으로 공부하다가 상세한 시험시간표가 발표되면 시험시간표에 맞춰 공부합니다.

학교에 따라 다르겠지만 대개 일반 중학교에서는 시험 문제를 어렵게 내지 않습니다. 중학교 시험은 등급을 낼 필요가 없는 절대평가입니다. 성실하게 수업을 들은 아이가 문제를 풀도록 출제합니다. 수업을 잘 듣고 필기를 잘하면 지필 평가 준비의 반은 했다고 볼 수 있습니다. 시험 기간에는 문제집이나 다른 강의에 의존하기보다 수업 시간에 배운 내용을 중심으로 다시 꼼꼼하게 공부합니다.

▎ 출제자 의도 파악 & 수업 내용을 바탕으로 공부하기

시험은 반드시 출제 의도를 파악해서 그 의도에 맞는 답을 써야 합니다. 아무리 답을 길게 적어도 출제자의 의도에 맞지 않으면 틀린 겁니다. 빈 칸 없이 빽빽하게 답을 썼는데 절반도 맞지 못한 아이도 있습니다. 성 실하게 공부하는 것도 중요하지만 출제 의도를 파악하는 것이 더 중요 합니다.

주의할 점이 또 있습니다. 지필 평가는 학교 수업을 얼마나 성실히 듣 고 공부했는지 확인하는 시험입니다. 출제자는 의도에 따라 수업하고 시험 문제를 냅니다. 따라서 문제를 다양하게 해석하지 않습니다. 아니, 다양한 방법으로 해석하면 안 됩니다. 선생님은 수업 시간에 학습 목표 에 맞춰 수업하고, 다양한 활동을 통해 학습 목표를 달성했을 것입니다. 수업 내용을 바탕으로 시험 문제를 읽고 해석해야 합니다. 시험 문제의 답은 닫힌 결말입니다. 시험 칠 때는 학교에서 선생님이 수업 시간에 가 르친 내용만을 바탕으로 답안을 작성합니다.

만일 학교에서 선생님이 1번의 방법으로 가르쳐주고 이를 시험으로 냈다면 시험 문제를 풀 때 1번의 방법으로만 해석하고 풀어야 합니다. 학원이나 인터넷 강의에서 2, 3번의 방법을 알려주고 공부를 했다고 해 서 학교에서 배우지 않은 2, 3번의 방법으로 그 문제를 해석하고 풀면 안 됩니다. 비록 그것이 정답이라 할시라도 학교 지필 평가에서는 오답 처리될 수 있습니다. 만일 2, 3번의 방법으로 푼 문제를 정답으로 인정하면 오히려 사교육을 받지 않고 학교 수업만으로 공부하는 아이에게 역차별이 될 수 있기 때문입니다.

지필 평가는 얼마나 많이 아는지 알기 위한 것이 아니라 수업 시간 배운 내용을 얼마나 제대로 익혔는지 확인하는 시험입니다. 반드시 수업을 잘 듣고 선생님이 수업한 내용을 바탕으로 공부해야 합니다.

▎시험 칠 때 유의해야 할 것들

지필 평가는 학기당 2회가 기본이었으나 최근에는 1회만 치거나 지필 평가 없이 수행 평가만 치는 경우가 늘고 있습니다. 지필 평가를 한 번만 치면 서술형 문제로만 출제하는 경우가 많습니다. 저 역시 교육청에서 권고하는 선다형과 서술형 문제의 비율을 살펴봤더니 선다형 문제를 몇 문제 낼 수 없어서 전체 시험을 서술형 문제로 출제했던 경험이 있습니다(선다형 문제와 서술형 문제의 비율은 교육청마다 다소 차이가 있을 수 있습니다).

대부분 지필 평가 시험지는 A4 사이즈입니다. 사이즈를 줄여 혹시 있을 수 있는 불미스러운 일을 줄이고자 함입니다. 제가 근무했던 학교

들은 선다형 답은 OMR 카드에 작성하고, 서술형 답은 A4 사이즈에 작성합니다(수학의 경우 B4도 있습니다). 지역에 따라서는 A4 사이즈만 한 OMR 카드 앞면에는 선다형, 뒷면에는 서술형 답안을 작성하기도 한다고 합니다. 시험이 끝나고 나면 선다형 답지와 서술형 답지가 두 개인 경우는 둘 다 제출해야 합니다.

OMR 카드를 리딩하는 방식에 따라 화이트 사용 여부가 결정됩니다. 화이트 사용이 불가능하면 마킹을 잘못했을 때 OMR 카드 전체를 바꿔야 합니다. OMR 카드를 사용할 때 반드시 '컴퓨터용 사인펜'이 필요합니다. 글씨를 쓸 때는 볼펜도 가능하지만, 마킹은 반드시 컴퓨터용 사인펜으로만 해야 합니다. 만일 스캐너 형식으로 리딩하는 학교라면 컴퓨터용 사인펜이 필요없을 수도 있으니, 학교의 안내를 잘 들어야 합니다.

▌시간 배분 잘하기

지필 평가를 칠 때 시간 배분은 매우 중요합니다. 저는 서술형부터 푸는 것을 추천합니다. 선다형의 경우 시간이 모자라면 짧은 시간 안에 찍기라도 할 수 있지만, 서술형은 시간이 모자라면 거의 쓰지 못하고 백지를 낼 수 있기 때문입니다.

이번에 수학 시험 감독을 할 때 낯은 아이가 시험지에 문제를 풀고 그것을 서술형 답지와 선다형 답지에 옮겨 썼습니다. 서술형 답지에 바로 풀어도 시간이 모자라는데 시험지에 풀고 그것을 옮기는 학생들을 보며 오히려 제가 더 초조했습니다. 결국 시간이 부족해서 답을 답지에 다 쓰지 못한 학생들이 속출했습니다. 시험 종료 10분 전, 또는 5분 전에 남은 시간을 안내하면 풀던 문제를 멈추고 답지에 써야 합니다. 만일 시간 안내가 없더라도 시험 시간을 계산해서 답을 써야 합니다.

시험은 가장 예민한 부분이기 때문에 절대 조금의 융통성도 발휘할 수 없습니다. 원칙대로만 진행해야 합니다. 아이들이 안타까워하며 조금만 봐달라고 애원해도 정확하게 시간을 맞추어 답안지를 걷을 수밖에 없습니다. 지필 평가를 준비할 때 시간 배분을 꼭 연습해야 합니다.

지필 평가 날은 시험을 치고 급식을 먹고 하교합니다. 오후까지 수업하는 경우는 별로 없습니다. 일찍 하교해서 다음 날 시험을 준비합니다. 교육부와 교육청의 지침에 수행 평가와 서술형의 비율이 늘고 있습니다. 지필 평가의 비중은 점차 축소되고 선다형 문제도 점차 줄어들 것입니다. 지필 평가를 칠 때는 서술형 문제의 비중을 늘리는 쪽으로 운영될 것입니다.

(2) 체육대회

교외로 나가는 행사 중 아이들이 가장 좋아하는 것이 수학여행과 수련회라면 교내 최고의 행사는 1학기에는 체육대회, 2학기에는 학교 축제일 것 같습니다.

▌반 티 맞추기

체육대회 날은 사복이 허용됩니다. 아이들은 체육대회 한 달 전부터 반티를 의논합니다. 예전에는 반별로 상의만 맞춰 입었는데 지금은 상하복을 다 맞추는 편입니다. 반 티를 안 했으면 좋겠지만 제게 의논하지도 않습니다. 타협한 것이 일정 금액 이상의 반 티는 안 된다 정도입니다.

반 티 판매 사이트는 가격도, 디자인도 다양합니다. 매년 새로운 디자인도 나옵니다. 계속 보면 눈이 높아져서 비싼 게 예뻐 보입니다. 반 티를 의논하던 반장이 갑자기 비장한 표정으로 옵니다. 선생님이 제시한 금액보다 2천 원만 더 비싼 걸 하면 안 되냐고 부탁, 아니, 사정합니다. 마음에 들지는 않지만 반 친구들 모두의 동의를 받으면 허락해주겠다고 하면 갑자기 반장의 목소리가 올라가면서 꼭 모두의 동의를 받겠다고 신나게 교실로 돌아갑니다.

축구복 같은 것은 체육대회 이후에도 입습니다(반 티의 경우 체육복 대용으로 입는 것을 허락하는 편입니다). 하지만 죄수복, 만화 캐릭터 등의 반티는 이후 거의 입지 못합니다. 나중에도 입을 수 있는 실용적인 옷으로 하라고 말해도 잘 듣지 않습니다. 담임선생님은 반 티 구입에 개입하기 힘듭니다. 담임선생님이 개입하면 학교에서 개입하는 셈인데 학교에서 아이들에게 돈을 걸으려면 무조건 스쿨뱅킹을 통해야 합니다. 그 과정이 복잡해 반 티를 스쿨뱅킹하는 경우는 거의 없습니다.

학생 자치도 강조되어 학생들이 자발적으로 하는 활동을 선생님이 막기 힘듭니다. 반 티에 대해 의논할 때 담임선생님은 의견을 낼 뿐입니다. 눈을 반쯤 감고 귀도 반쯤 닫아야 합니다.

반 티가 결정되면 아이들은 그것을 사기 위해 돈을 모읍니다. 이 돈을 담임선생님에게 넘기면 성인인 담임선생님이 대리로 구매합니다. 담임선생님 이름으로 택배가 학교에 도착하면 교실로 택배를 가져가는 것이 담임선생님의 임무입니다.

▌ 체육대회는 규칙과 배려를 익히는 활동

체육대회는 종목마다 순위별 점수가 있고, 아이들은 점수를 잘 받기 위해 종목마다 고심해서 잘하는 아이들을 출전시킵니다. 체육대회도 분명한 교육과정 중의 활동입니다. 체육대회의 많은 활동에서 지켜야 하는 규칙, 원활히 운영되도록 지켜야 하는 질서, 대회지만 함께하기 때문에 다른 사람들을 배려하는 마음 등 체육대회를 통해 공부로만 익힐 수 없는 것을 배웁니다. 체육대회는 체육을 잘하는 아이에게 종목을 몰아주고 이기기 위한 활동이 아니라 체육이라는 방법을 통한 교육 활동입니다.

체육대회는 모든 아이가 참여해야 합니다 운동을 잘하는 아이만 체육대회에 나가지 않도록 한 아이당 참여 종목 수를 제한합니다. 아이들은 규칙 안에서 체육대회에서 이기기 위해 다양한 전략을 짭니다. 긴 고민 끝에 종목별 선수명단을 제출하고 나면 체육대회를 위한 준비는 거의 끝납니다.

▍체육대회의 한 축, 응원

체육대회 날이 되면 머리를 꾸미기도 하고 특이한 복장과 다양한 응원용 도구를 준비해오기도 합니다. 체육대회에서 응원도 중요합니다. 반아이들 모두의 협동심이 가장 중요한 체육대회 활동이기 때문입니다. 체육대회의 점수를 매길 때, 종목별로 합산해서 반별 등수를 매겨서 시상하는데 응원은 응원상이 따로 있습니다.

종목별로 대회가 시작되면 아이들은 어느새 정해진 자리에서 응원해야 한다는 사실을 잊고 자기 반 대표 아이 앞에 가서 응원하기 시작합니다. "1반! 1반! 1반!" 하면서 자기 반 친구를 응원합니다. 결과에 따라 반 아이들 전부가 웃기도 하고 울기도 합니다.

체육대회 날은 급식도 잘 나오는 편이라 체육대회 날은 급식의 즐거움이 더해집니다. 급식을 먹고, 남은 시간 교실에서 잠깐 쉽니다. 쉬고 있는 아이들을 보면 다들 발갛게 상기된 얼굴입니다. 무척 즐거워 보입니다. 다시 선크림을 듬뿍 바르고 물을 마시면 체육대회의 오후가 시작됩니다. 아이들 모두 다시 운동장으로 나가 남은 대회를 합니다.

▌ 체육대회 마무리, 릴레이

체육대회 대미를 장식하는 종목은 릴레이입니다. 이전까지는 응원상 점수를 위해 아이들이 반별 지정 자리에서 응원해야 했습니다. 응원상 은 질서가 중요하기 때문에 이탈자가 많으면 감점됩니다. 그런데 이때 는 모두 나가서 운동장에 동그랗게 커다란 원을 만듭니다. 모든 아이가 손에 땀을 쥐며 응원합니다. 체육대회의 어떤 종목보다 가장 아이들의 응원 목소리가 커지고 절실한 종목이 릴레이 같습니다.

마지막 땀을 쥐는 릴레이까지 끝나고 나면 심사 선생님들이 점수를 합산해서 순위를 발표합니다. 반별 등수가 나오고 온종일 신났던 체육대회가 마무리됩니다.

　공부에 찌들어있던 아이들에게 신나게 에너지를 풀고 즐거움을 줄 수 있는 날이 체육대회가 아닐까 합니다.

6월,
수행 평가, 독서 기록

. . .

(1) 수행 평가

중학교에서는 1차, 2차, 총 2회의 지필 평가가 시행됩니다(1회만 평가 계획을 세운 과목은 평가를 1회만 시행합니다). 각각 점수가 나오면 해당 반영 퍼센트로 점수를 환산한 후, 학기 말에 이 점수들을 총합산해서 점수를 계산하고 등급을 냅니다.

그러면 이 2회(또는 1회)의 지필 평가 점수만 학기 말 성적에 반영되는 가 하면 그렇지 않습니다. 중학교의 내신에는 늘 수행 평가가 존재합니다. 수행 평가가 지필 평가보다 더 비중이 높을 수도 있습니다. 저는 지필 평가는 1회로, 수행 평가의 비중을 더 높게 계획합니다. 실습을 많이 하는 과목의 경우 수행 평가 100%로만 계획하기도 합니다.

지필 평가의 경우 교과서를 보면 무엇을 평가할 것인지 알 수 있지만, 수행 평가는 선생님이 여러 가지 활동 중에서 하나를 골라서 수행 평가를 하므로 수업 시간 선생님의 자세한 설명을 듣지 않으면 수행 평가를 어떻게 할지 정확하게 알기 힘듭니다.

▌ 수행 평가 유형

시험 한 달 전쯤 부모님 속이 뒤집어질 수 있습니다. 시험이 얼마 안 남았는데 수행 평가가 일주일에 대여섯 개씩 쏟아지기 때문입니다. 고등학생이 되어도 비슷한 상황이 펼쳐집니다. 고등학교는 과목 수가 많아서 개수가 더 많을 수도 있습니다. 이것은 흔한 광경입니다.

최근 과제형 수행 평가를 지양하라는 지침으로 대부분 수업 중 실시합니다. 그런데 수업 중에 수행 평가를 다 하지 못할 수도 있습니다. 그 경우 수행 평가를 위한 준비 과정 중 일부가 과제형으로 제시될 수 있습니다. 또 수행 평가를 수업 시간 내에 다 하지 못했을 경우 쉬는 시간이나 집에 가져가서 마무리하기도 합니다. 물론, 이 경우 당연히 감점됩니다.

수행 평가에는 여러 종류가 있습니다. 그중 중학교에서 주로 사용하는 몇 가지를 살펴보겠습니다.

첫째, 논술형입니다. 주어진 주제와 관련해 자기 생각을 공책 한 페이지 분량으로 쓰는 것입니다. 전 시간에 미리 자료를 찾거나 관련 수업을 하고 기술하는 것이라 자료나 관련 내용을 알고 있으면 유리합니다. 국어 과목을 예로 들면 설명하는 글쓰기, 설득하는 글쓰기 등 여러 글을 쓰는 활동이 있습니다.

둘째, 발표형입니다. 논술형과 비슷하게 자기 생각을 쓰지만, 발표형은 그것을 발표하는 것입니다. 글도 중요하지만, 발표 능력도 중요합니다. 프로젝트형과 섞어서 여러 학생들이 함께 한 주제에 대해 조사하고 그것을 학급 친구들 앞에서 발표하기도 하고, 하나의 주제에 대해 혼자 조사해서 그것을 발표하기도 합니다. 발표형 수행 평가를 할 때는 PPT를 활용하는 경우가 많습니다.

셋째, 프로젝트형입니다. 주로 과학이나 사회 과목에서 많이 사용하는데 하나의 주제를 정하고 그 프로젝트를 준비하고 실행하는 과정을 평가하는 것입니다. UCC 만들기 등이 여기에 해당합니다.

넷째, 포트폴리오형입니다. 매시간 활동한 자료를 지속적으로 모아 활동 자료를 평가하는 것입니다. 주로 수업 시간 활동한 학습지 등을 모아서 그것을 평가합니다. 특히 학습지를 나누어주는 경우, 포트폴리오형으로 평가하는 경우가 많습니다.

다섯째, 실기형입니다. 주로 예체능 교과에서 많이 하는데 수업 시간 배운 기술 등을 평가하는 것입니다.

이 외에도 더 많은 종류가 있지만, 선생님들이 대체로 많이 사용하는 수행 평가는 이 다섯 가지 정도입니다.

이 수행 평가를 과제로 내서 그 과제를 검사하면 과제형, 수업 시간에 참여하는 과정을 관찰해서 평가하면 참여형으로 보면 됩니다.

▌ 지필 평가 직전에 수행 평가가 몰리는 이유

수행 평가가 지필 평가 전에 몰리는 이유가 있습니다. 1학기를 기준으로 설명하겠습니다.

3월은 새 학기입니다. 아이들에게 과목을 안내하고 진도를 나갑니다. 아직 배운 내용이 거의 없어 수행 평가가 힘듭니다. 최소 한 달은 지나야 그 내용을 바탕으로 평가할 수 있습니다. 이때쯤 수행 평가를 시행합니다. 그런데 4월 말에서 5월 초 사이에 1차 지필이 있습니다. 지필 평가 준비 기간과 수행 평가 기간이 겹칠 가능성이 큽니다.

1차 지필 평가를 치고 나서도 마찬가지입니다. 1차 지필 평가를 치고 나면 서술형 문제를 설명하고 아이들이 쓴 서술형 답을 확인합니다. 시필 평가 성적을 몇 차례 확인하여 이상이 없으면 수업을 합니다. 역시 최소 한 달 정도는 배워야 다음 수행 평가가 가능합니다. 코로나19로 인해 한시적으로 지필 평가를 한 번만 쳐도 된다고 지침이 내려온 적도 있지만, 수행 평가는 기본적으로 2회 이상 실시해야 합니다. 그러니 1차 지필 평가를 마치면 바로 두 번째 수행 평가를 준비합니다.

　평가를 담당하는 부서에서 결시생 인정점, 성적 확인 등 지필 평가 이후의 일정이 빽빽하므로 2차 지필 평가 이전까지 수행 평가를 마무리해 달라고 안내합니다. 수행을 두 번 치면 2차 지필 평가 전에 수행 평가를 마무리해야 하므로 또 2차 지필 평가 준비 기간이 수행 평가 기간이 됩니다.

　2차 지필 평가 전에 마무리된 수행 평가 결과를 각 과목 선생님들이 제출하면 평가를 담당하는 부서에서 평가 계획서와 실제 점수 배점이 맞는지 점검하고, 수행 결시생의 인정점 등 각종 수행 평가 마무리 작업을 합니다. 이 작업에 약 1~2주의 시간이 소요됩니다. 2차 지필 평가 역시 각종 결시생 인정점 등의 마무리를 합니다. 이 역시 약 1~2주의 시간이 소요됩니다. 서둘러야 방학식 전에 성적 처리를 마무리할 수 있습니다. 성적이 처리되어야 방학식 날 아이들이 성적표를 받을 수 있습니다.

▍수행 평가도 지필 평가만큼 중요하다

지필 평가 전에 수행 평가가 쏟아지면 수행 평가가 너무 많고 지필 평가가 더 중요하게 여겨져서 수행 평가를 해이하게 생각할 수 있습니다. 게다가 수행 평가는 수업 중에 하고 지필 평가는 '시험 기간'이라는 특정 기간에 하는 것이라 지필 평가가 수행 평가보다 더 중요하게 생각될 수 있습니다. 하지만 절대 그렇지 않습니다. 수행 평가도 지필 평가와 비슷한 비율로 성적에 반영되기 때문에 덜 중요하게 여기면 안 됩니다.

수행 평가가 50%, 지필 평가가 50%로 반영된다면 수행 평가와 지필 평가를 100점씩 받으면 각각 50점으로 환산해서 반영된다는 뜻입니다. 그래서 각각 '50점+50점'으로 계산해서 학기말 점수는 100점이 됩니다. 수행 평가를 0점 받고 지필 평가를 100점 받은 아이가 있다면 그 아이의 점수는 50점입니다. 단순히 지필 평가만 잘 친다고 성적을 잘 받는 것이 아니라는 뜻입니다.

내신 성적에서 수행 평가는 무척 중요합니다. 89점은 B등급이지만 90점은 A등급입니다. 이 1점으로 등급이 달라질 수 있습니다. 지필 평가 날 아이가 컨디션이 어떨지, 어떤 실수를 할지, 아무도 모릅니다. 예민한 아이라면 지필 평가 날 신경을 많이 써서 머리나 배가 아플 수도 있습니다. 지필 평가 한 번 또는 두 번으로 아이의 성적을 결정하기에는 평소 수업에 대한 성실도 등이 반영되지 못하는 아쉬움이 큽니다.

그런데 수행 평가는 다릅니다. 수행 평가의 경우 성실도의 영향이 꽤 높은 편입니다. 노력으로 챙길 수 있는 점수라면 챙겨놓아야 합니다. 지필 평가는 0점에서 잘하는 만큼 점수를 더해주는 것이지만 수행 평가는 100점에서 못하는 만큼 점수를 깎는 것입니다. 못하지 않으면 감점되지 않습니다. 선생님들도 수행 평가 점수를 최대한 잘 주려고 노력합니다.

　수행 평가를 준비할 때는 지필 평가 준비를 하는 노력의 반 정도라도 하게 해주세요. 대부분 수행 평가를 수업 중에 끝내기 때문에 아이가 수행 평가의 중요함을 깨닫고 주어진 시간 안에 수행 평가를 성실히 한다면 좋은 결과가 있을 것입니다.

　다음 표는 올해 제가 있는 학교에서 평가 계획을 낸 국어와 영어 과목의 반영 비율입니다. 만일 국어 지필 평가와 수행 평가를 모두 100점 받았다면 '지필 평가(100점×40%) + 학습 과정 평가(100점×40%)+독서 노트(100점×20%)=100'점으로 계산합니다. 영어도 마찬가지입니다. 영어도 지필 평가와 수행 평가를 모두 100점 받았다고 가정해보겠습니다. 1차 지필 평가(100점×30%) + 2차 지필 평가(100점×30%) + 영어 듣기 평가(100점×10%) + 에세이 쓰기(100점×30%)=100점으로 계산하면 됩니다. 각 평가에서 받은 점수가 해당 퍼센트만큼 반영된다고 보면 됩니다.

국어	지필 평가 (40%)	수행 평가 (60%)		합계 (100%)
		학습 과정 평가 (40%)	독서 노트 (20%)	

영어	지필 평가 (60%)		수행 평가 (40%)		합계 (100%)
	1차 지필 평가 (30%)	2차 지필 평가 (30%)	영어 듣기 평가 (10%)	에세이 쓰기 (30%)	

(2) 독서 기록

자유학기제 기간은 성적이 숫자로 나오지 않는다고 했습니다. 그래서 성적이나 공부에 대한 부담이 적어 책을 읽을 여유가 있습니다. 상대적으로 여유가 있는 1학년 때 독서를 많이 해야 합니다. 성적이 산출되면 내신 대비를 하느라 독서 시간을 내기 쉽지 않습니다.

책을 읽고 독후감을 쓴 다음 학교생활기록부에 기록을 남기면 아이의 독서 동기를 고취할 수 있습니다. 독서 후 독후감을 써서 해당 영역 과목 선생님께 제출하면 학교생활기록부의 독서 활동 상황란에 기록됩니다. 이렇게 제출한 독서 기록은 매 학기, 학년별로 누적되어 기록됩니다. 자신이 책을 읽은 내용이 기록으로 남는 것을 보면 아마 아이도 더 적극적으로 독서를 할 것입니다.

학교생활기록부에 독서 기록을 하는 방법에는 두 가지가 있습니다.

하나는 독서교육종합지원시스템을 활용하는 것이고 또 하나는 독후 감을 작성하는 것입니다.

▎독서 기록의 첫 번째 방법 : 독서교육종합지원시스템

독서교육종합지원시스템은 지역별로 사이트가 다릅니다. '자신이 거주 하는 시도+독서교육종합지원시스템'을 검색하면 해당 독서교육종합지 원시스템이 나옵니다.

독서교육종합지원시스템에 가입하기 위해서는 DLS 아이디를 알아 야 합니다(DLS는 Digital Library System, 디지털자료실지원센터의 약자로, 시도교육청 단위에 설치되는 표준화된 학교도서관업무지원시스템입니다. 교 육청 관내의 개별 학교 도서관 도서 관리 업무를 자동화하여 서비스합니다). 입학 후 독서 담당 선생님이나 담임선생님이 DLS 아이디를 안내하면 그 DLS 아이디를 넣고 회원 가입합니다. 그 뒤 독서교육종합지원시스 템에 독후감을 작성합니다.

독후감을 쓰고 자신이 읽은 책의 영역과 관련된 과목 선생님께 말씀 드립니다(과학 관련 책은 과학 선생님께, 사회 관련 책은 사회 선생님께 말씀 드리면 됩니다). 과목 선생님께 독서교육종합지원시스템에 쓴 것을 출력해서 가져가거나 해당 선생님께 독서교육종합지원시스템에 올린 독후감 확인을 부탁합니다. 읽은 영역이 애매해서 어느 선생님께 드려야 할지 모르겠다면 담임선생님께 드리면 됩니다.

독서교육종합지원시스템에 독후감을 기록해도 선생님께 알려야 생기부에 반영

독서교육종합지원시스템에 기록한 독후감은 아이가 직접 선생님께 말씀드리지 않으면 학교생활기록부에 반영하기 힘듭니다. 독서교육종합지원시스템과 학교생활기록부가 연동되지 않기 때문입니다. 독서교육종합지원시스템에 독후감을 썼는지 확인하려면 선생님도 독서교육종합지원시스템에 회원 가입을 해서 아이의 독후감을 찾아야 합니다.

또 모든 학교가 독서교육종합지원시스템을 활용하지는 않습니다. 그래서 독서교육종합지원시스템에 독후감을 썼으니 학교생활기록부에 올라가겠지 하고 말도 없이 기다리면 안 됩니다. 반드시 독서교육종합지원시스템에 올렸다고 말씀드리거나 독후감을 제출해야 합니다. 저는 독후감을 출력해서 가져가는 것을 추천합니다.

▌독서 기록의 두 번째 방법 : 학교에 직접 제출

두 번째 방법인 독후감은 공책이나 A4 용지 어디에 써도 괜찮습니다. 학교 홈페이지에 독후감 양식이 올라와 있기도 합니다. 그것을 이용해도 좋습니다(학교마다 독후감 양식이 있을 수 있으니 우선 학교에 문의하고 써야 합니다). 저는 항상 아이들에게 공책 한 페이지를 채우라고 이야기합니다. 공책 한 페이지나 A4용지 2/3 이상의 분량을 써서 해당 과목 선생님께 드립니다. 자필로 써도 되고, 컴퓨터로 써서 출력해도 됩니다.

독후감을 직접 써서 제출할 경우, 복사본을 꼭 챙겨두세요. 간혹 독후감이 누락되거나 분실되는 경우가 있습니다. 그런데 근거 자료가 없으면 독서 상황을 다시 기록하기 힘듭니다. 단순 누락이면 찾을 수 있지만, 분실되면 찾기 힘듭니다. 다시 제출해야 할 때에 대비해 복사본을 챙겨두도록 합니다.

▌ISBN에 등록된 도서만 기록 가능

학교생활기록부의 독서 상황란에는 ISBN에 등록된 도서만 입력할 수 있습니다. 잡지나 정식으로 발간되지 않은 책은 등록할 수 없으니 되도록 ISBN에 등록된 책 위주로 읽게 해주세요. ISBN에 등록된 책은 책 뒤쪽 바코드가 있는 곳 아래에 ISBN이라는 글자와 함께 숫자가 쓰어 있습니다. 그 책들이 ISBN에 등록된 것입니다. 지금 읽고 있는 이 책도 뒤쪽 표지 바코드 아래를 보세요. ISBN이 보이죠? 시중에 판매되는 책은 거의 다 ISBN에 등록되어 있으니 사실 크게 신경쓰지 않아도 됩니다.

▍독서 기록과 과목 연관성

과학 선생님이 독서 상황란에 올리면 '과학'으로 독서 활동 상황이 올라가고 사회 선생님이 올리면 '사회'로 독서 활동 상황이 올라갑니다. 담임 선생님이 올리는 경우는 '공통'으로 올라갑니다. 그런데 과목은 그다지 중요하지 않습니다. 학기도 크게 의미 없습니다. 제출한 독서 기록의 학년만 의미 있습니다. 1학년 1학기든 2학기든 그것이 중요한 것이 아니라 1학년 때 쓴 것이 1학년의 학교생활기록부에 기록되어 있으면 된다는 뜻입니다. 제출한 독후감의 개수를 기억해서 학기 말 학생생활기록부 내용을 확인할 때 누락이 있는지 확인하세요.

▍학교생활기록부로 나만의 독서 로드맵 만들기

학교생활기록부에는 책 제목과 저자만 기록됩니다. 목표로 하는 고등학교가 있다면 그 학교에서 요구하는 책을 읽습니다. 중학교 때 독서 기록은 고입에만 영향이 있고, 대입에는 영향이 없습니다. 만약 대입을 위한 독서 기록을 남기고 싶다면 고등학생이 되어서 독서 기록에 남겨야 합니다. 비교과가 점차 축소되고 있어서 독서 기록은 학교생활기록부에 기재되어 있더라도 대입에 크게 영향을 주지 않을 것입니다. 물론 독서가 대입을 위한 것만은 아닙니다. 매 학기가 지날 때마다 누적되는 책을 보면서 지난 학년에 무엇을 읽었는지 찾아보고 나만의 독서 로드맵을 만들어가는 것에 의미를 두고 책을 읽게 해주세요.

제가 근무하는 학교에서는 매년 독서기록장을 만들어서 학생들에게 배부합니다. 많은 학교에서 독서기록장을 배부할 것입니다. 배부한 독서기록장에 한 페이지 정도로 써서 제출하면 됩니다. 다음은 독서 기록의 예입니다.

독서교육종합지원시스템 사용 독후감상문

◉ 학생독후활동

★ 소　　속 : ▓▓▓▓▓▓▓▓▓▓▓
★ 작 성 자 : ▓▓
★ 책 이 름 : 비트키즈(감상문쓰기)
★ 저　　자 : 카제노우시오
★ 글 자 수 : 1663(1247)자
★ 관련과목 : 없음
★ 작성일자 : 2018년 04월 01일

제목　　　　　　비트 키즈

　내가 이 책을 고르게 된 동기는 제목 〈비트키즈〉를 보고 비트(치다)와 키즈(어린이들)이 모인 것과 표지에 북채들이 있는 것을 보고 '이 책은 음악 특히 북(드럼)에 관련된 것이겠다.'고 생각하고 어떤 내용일지 궁금해서 한 번 읽어보게 되었다.

　주인공인 요꼬야마는 학교에 같이 다니는 한 친구에 의해 취주부에 들이기게 되었다. 취주부 단장은 칸노 나나오, 이 나나오는 선생님과 싸우기도 할 만큼 성격이 안 좋다. 요꼬야마의 아버지는 도박을 자주해 돈을 벌어올 때마다 날리고, 어머니는 지금 임신 상태라 몸이 안 좋아서 현재 하교후 집안일을 하는 요꼬야마는 고민했지만 취주부에 들어가게 된 것이다. 나는 요꼬야마가 집안일 하랴, 학교 다니랴 정신이 없을 텐데 그런 동아리까지 들어가다니 대단한 것 같다. 요꼬야마는 북 담당이라 북을 계속 연습했고, 시간이 흘러 취주부는 드릴(지역 페스티벌 공연)에 나가게 되었다. 그런데 여기서 문제가 발생한다. 드릴에 나가려면 선생님이 있어야 한다고 드릴에 나갈 때 까지만 호소이 선생님이 가르쳐 주고 지도하겠다고 한다. 아이들은 취주부가 갑자기 되니 끼어든 선생님을 원망하고, 심지어 나나오는 선생님과 싸우지만, 호소이 선생님은 만약 선생님 말을 듣지 않는다면 드릴에 나가지 못하게 하겠다고 협박을 해서 원래 연습하던 노래 자체를 바꾸어 버렸다. 난 이 모습을 보고 호소이 선생님이 자신이 해냈다는 것을 인정 받으려고 아이들이 잘하자 끼어든 것이 아이들 입장에서는 기분이 안 좋다는 것이 공감이 가는 것 같다. 물론 그 공연에 지도자, 즉 선생님이 필요하긴 하겠지만 처음부터 담당한 것도 아니고 중간에 끼어드니 아이들이 화가 날 수도 있겠다는 생각이 들었다. 하지만 아이들도 만만하지 않았다. 호소이 선생님 몰래 원래 연습했던 곡을 연습해 드릴 공연 할 때 완전히 다른 모습을 보여 선생님을 놀릴 수작이었다. 연습을 거듭한 끝에 마침내, 결전의 날이 왔다. 드릴 페스티벌 날 선생님이 하라고 한 노래 말고 몰래 연습한 노래를 보여주며 선생님을 놀라게 했다. 하지만 더욱 더 놀라운 것은 선생님을 제외한 모든 관중들이 열광하고 환호를 했다. 난 이 모습을 보고 몰래 짜온 노래로 공연한 용기와 더불어 이것으로 관중들의 마음을 사로잡은 아이들이 대단한 것 같다. 하지만, 공연을 보려는 요꼬야마의 엄마가 오는 도중에 쓰러지고 말았다. 그 덕분에 엄마와 뱃속에 있는 태아는 응급실에 실려가고., 가족이 모두 패닉상태였다. 요꼬야마의 아빠는 엄마와 태아가 아픔에도 불구하고 무관심한 모습을 본 요꼬야마는 아빠를 때린다. 그 뒤 정신을 차려보니 요꼬야마는 나나오 집에 있었다. 요꼬야마가 나나오에게 아빠를 때렸다는 고민을 털어놓자 나나오는 평소 요꼬야마가 치고 싶었던 북을 치게 해 준다. 나는 요꼬야마가 아빠를 때린 것도 잘못이지만 아픈 엄마를 무관심해한 아빠도 잘못이라 생각한다. 둘 다 각자 자기의 행동을 다시는 행하지 말고 화해해서 평화롭게 아무 일 없이 잘 살면 좋겠단 생각이 들었다. 그 뒤 요꼬야마는 중학교를 졸업했고, 고등학교에서도 북을 치자 아이들이 감동을 받고 그는 계속 북을 치게 된다.

　나는 이 이야기를 읽고 각종 일이 벌어지는 등 화목하지 못한 가정임에도 불구하고 열심히 북을 치고 드럴 페스티벌에 나간 요꼬야마가 대단한 것 같다. 앞으로 가정이 화목하며 북치는 사람으로써 요꼬야마가 멋진 인생을 살면 좋겠다.

● 학생독후활동

★ 소　　속 : ▨▨▨▨
★ 작 성 자 : ▨▨▨
★ 책 이 름 : 수상한 식당(감상문쓰기)
★ 저　　자 : 박현숙 / 글 / 장서영 / 그림
★ 글 자 수 : 775(585)자
★ 관련과목 : 없음
★ 작성일자 : 2020년 03월 04일
★ 지도교사 : ▨▨▨▨▨▨▨▨

제목	수상한 식당

처음 이 책의 제목을 보았을 때에는 수상한 식당이라고 하여서 어떤점이 수상할까 하고 기대가 정말 많이 되었다. 요리사가 꿈인 주인공 여진이라는 아이와 그 친구의 아빠가 운영하는 금보 일식의 이야기를 중심으로 이야기가 전개된다. 금보일식은 티비에도 나올만큼 깨끗하고 신선한 재료를 쓴다고 하여 칭찬이 자자했지만 어느 날 여진이가 의도치 않게 MSG와 신선하지 않은 재료를 쓴다는 것을 확인하게 된다. 의심이 되고 친구 아버지의 가게니까 선뜻 말할수도 없는 상황이라 요리를 배우며 몰래 지켜보기로 한다. 기훈이 아버지는 요리를 눈으로만 보며 가르친다 여진이는 마음에 들지 않고 자꾸 뭐를 숨기는것 같은 느낌을 받게 되어 친구들과 작전을 짜 음식창고에 들어갔다 갇히고 할머니 엄마 아빠와 같이 금호 일식에서 먹었는데 할머니가 뭔가 신선하지 않아 보이고 맛도 이상하다고 했지만 여진이는 아직은 숨긴다. 그러나 할머니가 그것 때문에 장염에 걸리고 편찮으시자 할머니께 사실을 털어놓는다. 그리고 주인 아저씨께 이제 따질 기회를 잡고 친구 1명과 다시 재료 창고에 일부러 들어가 갇힌다. 그리고 여진이의 다른 친구 한명이 기훈이 아버지를 불러 갔었다고 말하고 문을 열자 따진다 그리고 그 다음날 요리를 배우러 갔을때 기훈이 아버지는 이제 탱글한 생새우로 초밥을 만드신다. 이렇게 이야기는 여진이가 우동국물을 만들고 끝난다. 나는 이 이야기를 보고 처음엔 흥미가 있었지만 점점 뻔한 전개로 이어져 흥미가 떨어지는듯한 느낌을 받았다. 그래도 기훈이 아버지가 태도를 바꾸신 점에 대하여 좋게 생각한다,

독서기록장

책 제목 : 완득이

우리 집에 완득이 라는 책을 몇년 전 부터 있길래 나는 책 읽는 것을 싫어해서 책 표지만 보고 책 장에 몇년동안 박아뒀다 중2가 되서 책 읽는 시간에 읽게 되었다. 몇년 동안 박아 놓지 말고 좀 읽을 걸. 이라는 생각이 들 정도로 재있다. 장르는 약간 코믹과 뭉클뭉클한 감정을 돋우는 책인 것 같다. 우선 완득이의 아버지는 키가 작으신 장애인이시고, 카바레에 온 여자 손님에게 춤 상대가 되어주는 직업를 가진 민구삼촌과 함께 산다. 완득이의 아버지와 베트남에서 오신 어머니랑 따로 살아서 완득이는 어머니가 누군지 있는지도 모르고 살다 담임 선생님인 똥주를 통해서 어머를 만났다. 나는 책을 읽으며 인상 깊은 부분이 어머니랑 완득이가 만난 것이다. 그리고 제일 감동 적이었던 부분은 완득이가 어머께 굳루를 사주며 정겹 마음을 여는 부분과 완득이 애버지가 완득이가 킥복싱 하는 것을 허락해 주신 것이다. 완득이가 킥복싱 허락을 받았을 때 아버지가 감동잔히 안쓰음을 하시며 인정을 해 주셨다. 이 부분을 보면서 뭐랄까 감동주며 그 기뻤건지 내가다 행복했다. 그리고 완득이가 처음에는 똥주가 마음에 들지 않아 교회에 가서 똥주를 죽여 달라고 빌던 완득이가 서서히 마음의 문을 열었다. 이 책을 보면서 완득이가 점점 바뀌는 게 보여서 읽는 재미가 있는 것 같다. 완득이 어머, 똥주를 대하는 태도, 킥복싱도 점점 늘고 정윤하에게 점점 관심을 가지고 좋아하게 되는 것도, 많은게 발전하고 늘고, 바뀌는게 보여서 좋은 것 같다. 친구들이 나에게 책을 추천 해달라고 하면 나는 완득으로 제일 먼저 추천 할 것이다.

7, 8월,
여름방학과 성적표

. . .

(1) 여름방학

방학은 아이들의 건전한 심신의 발달을 위해 선사하는 장기간의 휴식 기간입니다. 숨 가쁘게 달려온 한 학기를 마무리하는 날이 방학식 날이지요.

▌방학식 날 운영

방학은 모든 학생이 애타게 기다리는 날입니다. 선생님이 미칠 때쯤 방학을 하고 엄마가 미칠 때쯤 개학한다는 말이 있듯이 선생님들도 방학할 때가 가까워지면 다들 심신이 지쳐 있습니다. 방학이 되어야 잠깐의 여유를 누릴 수 있기에 선생님들도 기다리는 날입니다(방학 때도 출근은 하지만 업무에만 집중할 수 있어서 효율이 훨씬 높습니다).

여름방학식은 대체로 7월 셋째 주 목요일이나 금요일쯤에 합니다. 중학교 여름방학은 초등학교에 비해 짧은 편입니다. 방학식 하는 날 과목별로 방학 숙제를 내기도 합니다. 하지만 많은 아이가 방학숙제를 하지 않으려 하니 2학기 평가에 반영하겠다는 협박을 섞어야 숙제를 해옵니다. (실제로는 반영하지 않고, 협박성 멘트인 경우가 많습니다.) 대부분은 방학 숙제가 없고 독서만 강조하는 편입니다.

여름방학은 겨울방학에 비해 짧습니다. 7월 셋째 주쯤 방학식을 하고 8월 셋째 주 월요일이나 화요일, 늦어도 수요일쯤에 개학을 합니다. 방학은 약 한 달 정도입니다. 물론 학교 상황(학교 시설 보수 공사 등)에 따라 방학 기간이 조정되는 경우도 종종 있습니다.

방학은 모두가 기다리는 즐거운 날입니다. 방학식 날은 수업은 하지 않고 학기를 마무리하는 활동을 한 후, 하교합니다. 방학식 날은 대체로 다음과 같이 운영됩니다.

보통 1, 2교시는 담임 시간인데, 1교시는 대청소 및 교실을 정리하고, 2교시에는 성적표와 방학 중 생활 안내 가정통신문 등을 받습니다. 3교시는 방학식을 합니다. 방학식은 거창하게 하기보다는 교실에서 방송으로 간단하게 하는 편입니다. 방학식 때 교장 선생님의 말씀을 듣고 각종 상장, 장학금 등을 수여합니다. 마지막으로 각자 짐을 챙깁니다. 이렇게 오전 일과를 마무리하고 하교합니다.

방학식 날은 급식을 제공하지 않습니다. 일찍 하교하면 대부분은 바로 집으로 가지 않고 친구들과 지난 학기의 지친 심신을 즐겁게 달래고 귀가합니다.

상을 받았다면 충분히 칭찬해주자

방학식 날 아이가 상장을 받아오면 칭찬을 많이 해주세요. 예전에는 주마다 혹은 월마다 전교생을 모아 조회를 했지만, 요즘에는 그렇게 하지 않습니다. 그래서 각종 시상도 방학식 날 한꺼번에 하는 경우가 많습니다.

그런데 상은 쉽게 받을 수 있는 것이 아닙니다. 교내 상은 정해진 학교행사에만 시상하기 때문에 모든 아이에게 다 줄 수는 없습니다. 참여 인원의 10~20% 정도에만 시상합니다. 아이가 교내 상을 받았다는 것은 그만큼 잘했다는 뜻입니다.

특히 표창장이나 모범상 등의 상은 1년에 반에서 1~2명한테만 주는 귀한 상입니다. 만일 아이가 학급 임원이 아닌데 이 상을 받아왔다면 아이는 학교생활을 훌륭하게 하고 있을 가능성이 아주 큽니다.

교과우수상은 학교마다 다른데 시상하지 않는 학교도 있고 상장 하나에 우수한 과목을 다 넣어서 한 장으로 시상하는 학교도 있습니다. 제가 근무했던 학교는 대부분 교과우수상 한 장에 우수 교과를 모두 넣어 시상했습니다(예 : 교과우수상(과학, 체육, 음악) 이렇게 한 장으로 시상합니다). 이 상장은 아이가 지난 학기 동안 학교생활을 충실하게 했다는 증거입니다. 아이에게 칭찬을 많이 해주세요.

▌성적표 오타나 오기 정정 방법

혹시나 성적표를 보다가 오타나 잘못된 부분이 있으면 바로 담임선생님에게 이야기하시면 됩니다. 여러 사람이 여러 번 확인하지만, 사람이 하는 일인지라 놓치는 일도 있으니 너무 마음 졸이지 말고 발견 즉시 담임선생님에게 이야기하세요. 되도록 성적표를 받은 당일 연락하고, 혹시 놓쳤더라도 방학이 끝나기 전까지 정정 요청을 하도록 합니다. 학년이 끝나기 전에 해결해야 한다는 것도 꼭 기억하세요. 그리고 아이가 받은 성적의 등수는 담임선생님들도 모릅니다. 등수가 아예 나오지 않습니다. 간혹 등수를 따로 계산해서 알려주는 일도 있지만, 원칙적으로 반

등수도, 전교 등수도 알 수 없습니다.

▎방학 생활 안내 하나 : 독서

방학이 시작되면 많은 학원에서 특강을 시작합니다. 하지만 중학교 1학년 여름방학은 좀 달라야 합니다.

중고등학교 생활 중 가장 여유로운 중학교 1학년 여름방학의 첫째는 독서여야 합니다. 한글 독서도 좋고, 영어 독서도 좋습니다. 독서를 통해 긴 글을 읽어내는 훈련을 합니다. 교과서도 줄글로 된 책입니다. 독서를 통해 줄글을 읽는 연습을 해두어야 교과서도 제대로 읽을 수 있습니다.

첫째로 청소년 문학을 추천합니다. 청소년 문학은 대개 책의 길이가 짧고, 구조가 명확합니다. 주인공들의 내면 성장도 같이 이뤄집니다. 청소년 문학을 읽으면 주인공이 성장할 때 아이도 같이 성장합니다.

둘째로 비문학을 추천합니다. 요즘에는 다양한 영역의 비문학 책이 재미있게 나옵니다. 가끔 비문학 책인지 문학 책인지 헷갈릴 때도 있습니다. 이런 비문학 책도 같이 읽어서 세상을 바라보는 눈을 키웁니다.

책따세 등의 사이트에서 추천하는 권장도서 목록을 참고하면 좋습니다.

▎방학 생활 안내 둘 : 공부

방학은 잠시 쉬어가는 시간이지만 놀기만 할 수는 없습니다. 1학기가 빡빡하게 지나갔지만 2학기는 더 빡빡합니다. 분명 학습에서 구멍이 난 부분이 있을 것입니다. 학기 중에는 학습 구멍을 메우기 힘들지만, 방학 때는 시간 여유가 있습니다. 그중에서 특히, 수학과 영어 기초를 다지면 좋습니다. 지난 학기의 수학과 영어 교과서를 보고 부족한 부분을 메워 주세요. 충분히 공부했다면 다음 학기 교과서를 꺼내 약간의 예습을 하면 더욱더 좋습니다.

(2) 성적표 읽기

방학을 맞이하면 학기 말 성적표를 받습니다. 간혹 성적표를 가정으로 보내지 않고 학부모서비스에 들어가서 보게 하는 학교도 있습니다. 만일 아이가 성적표를 가져오지 않는다면 나이스 대국민서비스에 들어가서 보세요. '나이스 대국민서비스 > 학교생활 >학교생활통지표'로 들어가면 확인이 가능합니다. 성적표에는 성적과 출결 상황이 나옵니다. 학교에서 가정으로 보내는 가정통신문은 성적표에 포함될 수도, 포함되지 않을 수도 있습니다.

자유학기제로 성적표에 점수는 존재하지 않아도 성적표는 존재합니

학교생활통지표

20×× 1학기 1학년 ○반 ○번

성명 : ○○○　　　　　　　　　　　　　　　　담임 : △△△

과목	학습 영역	영역 성취 기준
국어	품사의 종류와 특성	품사의 종류를 알고 그 특성을 이해한다.
	비유와 상징 표현	비유와 상징의 표현 효과를 바탕으로 작품을 수용하고 생산한다.
	갈등하는 삶	갈등의 진행과 해결 과정에 유의하며 작품을 감상한다.
	자신의 외모, 성격, 취미와 특기, 특징, 가족 관계 등을 고려하며 비유와 상징으로 나를 소개하는 짧은 글짓기 활동에서 자신을 거북이, 종이, 눈, 스피커, 가방, 공책에 비유하여 문장을 자연스럽게 연결한 자기소개를 완성한다.	

□ 출석 상황

수업 일수	결석			지각			조퇴			결과			특기 사항
	질병	미인정	기타	질병	미인정	기타	질병	미인정	기타	질병	미인정	기타	
90	·	·	·	·	·	·	·	·	·	·	·	·	

다. 성적표는 학기 말에 한 번 위 예시처럼 문장형으로 서술됩니다. 시험을 치는 학년은 한 학기에 1차 지필 평가 성적표와 학기 말 성적표 두 번을 가정으로 보냅니다. 그런데 최근 일부 지역에서는 자유학기 때도 학기당 성적표를 2회 이상으로 가정으로 보내거나 수행 평가나 단원 평가 등 으로 성적을 내서 성적표로 보내기도 한다고 합니다. 이 성적은 고입에 반영되지는 않습니다.

* 나이스 대국민서비스 www.neis.go.kr

1. 과목

성적이 나오는 모든 과목이 표기됩니다.

2. 학습 영역

수업 때 배운 학습 영역이 표기됩니다. 학기 초 평가 계획을 세울 때 배울 내용을 바탕으로 학습 영역을 정합니다.

숫자도 점수도 없는 성적표라 조금 실망스러울 것 같기는 합니다. 자유학기는 시험을 치지 않기 때문에 모든 과목이 문장으로 서술되어 기록됩니다. 성적표의 장수가 꽤 많습니다. 성취 기준별 문구를 읽어보면 아이의 평소 수업 태도를 살필 수 있습니다. 백 명 이상의 아이를 평가하기 때문에 모든 아이의 평가 내용을 완벽하게 다 다르게 쓰기 힘듭니다. 그래서 성취 기준별로 다른 아이와 문구가 비슷한 경우가 있습니다.

올해 제가 운영하는 주제 선택반인 〈국어 생활 연구반〉의 1차시 내용을 예로 보여드리겠습니다. 저는 〈말모이〉라는 영화를 통해 학생들이 우리말을 지키기 위한 조상들의 노력을 알고, 이를 바탕으로 현재 자신들의 언어 생활을 반성하며 올바른 국어 생활을 하기 위한 노력을 하

1차시 :〈말모이〉영화 감상	상	〈말모이〉영화를 보며 일제강점기 때, 우리말을 지키기 위해 노력한 조상들의 모습을 보고 자신의 감정을 잘 표현하며, 우리말의 소중함을 알고 올바른 국어 생활을 하기 위해 구체적인 방법을 찾기 위해 노력함.
	중	〈말모이〉영화를 보며 일제강점기 때, 우리말을 지키기 위해 노력한 조상들의 모습을 보고 자신의 감정을 잘 표현하며, 우리말의 소중함을 알고 올바른 국어 생활을 하기 위해 노력함.
	하	〈말모이〉영화를 보며 일제강점기 때, 우리말을 지키기 위해 노력한 조상들의 모습을 보고, 우리말의 소중함을 알고 올바른 국어 생활을 하기 위해 노력함.

기를 바랐습니다. 그래서 이 차시의 학습 목표는 '영화를 통해 우리말을 지키기 위한 노력을 알고, 이를 바탕으로 올바른 국어 생활을 할 수 있다'이며 그에 따라 저만의 '상-중-하' 기준을 표와 같이 만들었습니다.

이 뼈대를 바탕으로 학생별로 관찰한 내용으로 살을 더합니다.

저의 경우, 매 시간 활동들을 이렇게 기준을 만들어서 학생들의 학습 정도를 평가합니다. 그런데 '상-중-하'의 문구를 읽어보면 크게 차이가 나지는 않을 거예요. 성적표에 나쁜 말은 쓸 수 없기에 학생들의 활동에 대해 서술할 경우 '상'은 '잘 한다' 등의 긍정적인 용어를 많이 쓰고, '하'의 경우에는 '이수함', '노력함' 등의 객관적인 용어를 많이 쓰는 편입니다. 저는 매 차시 아이들의 활동을 이렇게 기준을 나누어서 평가하고 각 차시의 평가 내용을 모아서 학생별로 기록하는 편입니다. 1학년 생활통지표를 보면 이런 식으로 선생님들마다 기준을 정해서 활동을 기록한 내용을 통해 자녀의 수업 태도를 짐작해볼 수 있습니다.

성적표 하단에는 출석 상황이 같이 기입되어 있는데, 고입을 위한 내신성적을 낼 때 지필 평가와 수행 평가를 합한 성적만 들어가는 게 아닙니다. 여기에 출결, 봉사 활동 점수도 반영됩니다. 출결의 경우, 병이나 출석 인정 등은 감점되지 않지만 미인정인 경우 감점됩니다. 'Chapter5. 학부모 가이드 - 출결 챙기기(301쪽)'에서 좀 더 상세한 내용을 확인하실 수 있습니다.

성적이 점수화되는 학년의 성적표는 다음 표에서 살펴볼 수 있습니다.

학교성적통지표

20×× 1학기 2학년 ○반 ○번
성명 : ○○○　　　　　　　　　　　　　　　　담임 : △△△

과목	지필/수행	고사/영역별 (반영비율)	만점	받은 점수	합계	성취도 (수강자 수)	원점수/ 과목 평균 (표준편차)
국어	지필	1차 지필 평가 (30%)	100.00	95.00 28.5	94.5	A(152)	95/80.7 (18.3)
	지필	2차 지필 평가 (30%)	100.00	90.00 27			
	수행	포트폴리오 (20%)	100.00	100.00			
	수행	수필 쓰기 (20%)	100.00	95.00 19			
수학	지필	1차 지필 평가 (35.00%)	100.00	91.00 31.85	93.35	A(152)	93/70.0 (16.5)
	지필	2차 지필 평가 (35.00%)	100.00	90.00 31.5			
	수행	포트폴리오 (20.00%)	100.00	100.00			
	수행	십자퍼즐 만들기 (10.00%)	100.00	100.00			

□ 출석상황

수업 일수	결석			지각			조퇴			결과			특기 사항
	질병	미인정	기타	질병	미인정	기타	질병	미인정	기타	질병	미인정	기타	
90	·	·	·	·	·	·	·	·	·	·	·	·	

※ 교과별 성취도 "A, B, C, D, E"는 학기중 지필 평가와 수행 평가를 합산하여 학기 단위로 산출됩니다.
※ 나이스 학부모서비스(www.neis.go.kr)에서도 성적표 확인이 가능하며 성적분석자료까지 조회 가능합니다.

1. 과목

성적이 나오는 모든 과목이 표기됩니다.

2. 지필/수행

과목별 지필 평가와 수행 평가를 기록합니다. 지필 평가는 흔히 이야기하는 중간고사, 기말고사이고, 수행 평가는 수업 중의 여러 활동의 과정을 평가하는 것입니다. 아이가 친 시험의 종류와 수행 평가 내용을 알 수 있습니다.

3. 고사/영역별(반영 비율)

고사마다 반영 비율이 다릅니다. 그래서 각각의 고사가 몇 % 반영되었는지의 비율을 알 수 있습니다. 성적표를 보면 국어 과목은 지필 평가를 2번 쳤고, 수행 평가도 2번 쳤습니다. 지필 평가는 시험은 각각 100점이 만점으로 30%씩 반영되므로 각각 30점으로 환산되어 학기 말 성적에 반영됩니다. 수행 평가는 포트폴리오와 수필 쓰기인데 각각 100점이 만점으로 20%씩 반영되므로 각각 20점으로 환산되어 학기 말 성적에 반영됩니다.

4. 만점

고사별 만점의 점수입니다. 대부분 각각의 고사는 100점을 만점으로 합니다. 이 점수를 반영 비율에 따라 환산하여 반영합니다.

5. 받은 점수

아이가 각 평가에서 받은 점수입니다. 매 평가 후에 점수가 맞는지 아이들에게 여러 번의 확인을 합니다. 그래서 틀릴 가능성은 거의 없지만 그래도 꼼꼼히 확인합니다.

6. 합계

아이가 받은 지필 평가와 수행 평가 점수를 각각 반영 비율로 환산해서 합한 점수입니다. 해당 과목에서 해당 학기에 최종적으로 받은 점수입니다. 이 점수가 학교생활기록부에 기록되는 성적입니다. 이 성적으로 등급이 결정됩니다.

7. 성취도(수강자 수)

합계의 성적이 90% 이상 A, 80% 이상 90% 미만 B, 70% 이상 80% 미만 C, 60% 이상 70% 미만 D, 60% 이하 E로 성취도를 매깁니다. 수강자 수는 그 수업을 듣는 전교생의 수입니다.

8. 원점수/과목 평균(표준편차)

원점수는 소수점 첫째 자리를 반올림해서 해당 학기에 아이가 받은 최종 점수입니다. 과목 평균은 해당 과목에서 전교생이 받은 평균입니다. 표준편차의 경우 표준편차가 낮으면 전교 아이들의 성적 차이가 크게 나지 않고 표준편차가 높으면 전교 아이들의 성적 차이가 크게 난다는 뜻입니다. 표준편차가 높을수록 시험이 어렵다는 뜻입니다. 표준편차로 등수를 계산하는 프로그램도 있지만 중학교에서 의미는 없을 것 같습니다. 최근에는 표준편차를 표시하지 않는 추세이기도 합니다.

이렇게 성적표를 보면 자신의 성적과 성취도가 나와서 자신의 위치를 확인할 수 있습니다. 생각했던 것보다 성적이 잘 나올 수도, 못 나올 수도 있습니다. 그렇지만 중학교 성적표에 일희일비하지 마세요. 이 성적을 바탕으로 2학기 때 어떤 과목을 좀 더 공부하고 준비해야 할지 판단하는 기준으로 삼으면 됩니다. 성적표는 절대 공부의 결과가 아닙니다. 공부하는 과정에서 공부의 기술을 다듬어가는 도구로 사용하세요.

9월,
자동봉진, 학부모 상담

・・・

(1) 자동봉진

자동봉진. 처음 들어본 말인가요? 암호 아니냐고요. 아닙니다. 아이가
학교에 입학하면 반드시 기억해야 할 창체의 네 가지 영역입니다. 창체
는 뭐냐고요? 창체는 창의적 체험 활동의 줄임말입니다. 교육 과정을
근거로 창체의 네 가지 영역별 활동 내용, 평가 방법 및 기준으로 학교
별로 정합니다.

　창의적 체험 활동에는 네 가지 영역이 있습니다. 흔히 자동봉진이라
고 하는데요. '자'는 '자율 활동', '동'은 '동아리 활동', '봉'은 '봉사 활동', '진'

은 '진로 활동'을 의미합니다. 이렇게 풀어서 써도 각각의 뜻을 이해하기가 쉽지는 않습니다. 아래 학교생활기록부의 일부를 보면 이해가 조금 쉬울까요?

학년	❶ 창의적 체험 활동 상황		
	영역	❷ 시간	❸ 특기사항
	❹ 자율 활동		
	❺ 동아리 활동		(자율동아리)
	❻ 진로 활동	희망 분야	※상급학교 미제공

창의적 체험 활동 상황

학년	❼ 봉사 활동 실적				
	일자 또는 기간	장소 또는 주관기관명	활동 내용	시간	누계시간

▌ 자율 활동

자율 활동은 학교 교육 계획(정규 교육과정 포함)에 의해 학교에서 주최, 주관하여 시행한 활동을 의미합니다. 대부분 창의적 체험 활동 시간에 하는 많은 활동이 자율 활동에 포함됩니다. 자율 활동인 수업 시간에 잠여하면 시수가 인정됩니다. 보통 자치 활동 관련 특기사항은 자율 활동 영역에 기록되는데 임원의 재임 기간은 1학년은 입학일부터 학년말, 2학년은 3월 1일부터 학년말, 3학년은 3월 1일부터 졸업 관련 일까지로 입력됩니다(예 : 전교 학생자치회 부회장(2021.03.01.~2022.02.16.)).

▌ 동아리 활동

동아리 활동은 정규 교육과정 동아리 활동과 정규 교육과정 이외의 학교스포츠클럽 활동, 학교 교육 계획에 의한 정규 교육과정 이외의 자율동아리 활동을 의미합니다. 대부분 정규 교육과정 동아리 하나, 자율동아리 하나가 학교생활기록부에 기록됩니다. 정규동아리는 정규 수업 시간 중에 동아리 수업 시간이 고정되어 있어서, 전교생이 반드시 동아리 활동을 해야 합니다. 이 동아리 활동은 수업 중 운영하므로 학부모가 크게 신경 쓸 필요 없습니다.

　정규 교육과정의 동아리 활동은 동아리 담당 선생님이 동아리를 만들고 아이들은 그중 하나를 선택해서 동아리 활동을 합니다. 학교 정규 동아리 중 방송부, 도서부 등은 대체로 선(先) 모집입니다. 이 동아리들은 정규 교육과정의 동아리이지만 면접이나 테스트를 통해 미리 선발됩니다. 이 동아리의 동아리원을 모집할 때 학생 중심 동아리라 모집 공고를 학교 홈페이지에 올려놓거나 선생님이 안내하지 않습니다. 동아리 부원 아이들이 학교 게시판이나 학급 게시판에 붙여 안내합니다. 그래서 아이가 학급 게시판을 제대로 살피지 않으면 이 동아리에 지원을 못 할 수도 있습니다. 항상 아이가 학급 게시판, 학교 게시판에 관심을 두게 해주세요. 선 모집하는 동아리는 대부분 면접을 보는데, 면접에 참여하지 않으면 탈락합니다. 그 외의 동아리는 동아리 첫 시간에 이미 구성된 동아리 중 아이들이 마음에 드는 동아리를 선택합니다. 동아리별로 반별 배정 인원이 있으며 그 인원을 초과하면 여러 방법으로 배정 인원수만큼 고루 나뉘도록 선발합니다.

▌자율동아리

자율동아리는 학교 교육 계획에 따라 학기 초에 구성해야 합니다. 학기 중 구성하면 입력할 수 없습니다. 그래서 학기 초에 아이들이 자율적으로 동아리를 만들고 지도교사를 섭외해야 합니다. 이후 동아리 운영 계획서를 작성해서 제출해야 자율동아리로 인정됩니다. 자율동아리 모임 시간, 내용 등은 아이들이 자율적으로 정하고 활동합니다. 중학생의 동아리 활동은 특목고나 자사고에 입학하지 않는다면 큰 의미가 없으니 전략적인 동아리 활동보다 아이가 원하는 동아리 활동을 할 수 있게 해주세요.

┃ 봉사 활동

봉사 활동은 학교 교육 계획에 의해 실시하는 봉사 활동과 학생 개인 계획에 의해 실시하는 봉사 활동이 있습니다. 사실 봉사 활동을 구분하는 것은 별로 의미가 없습니다. 총 봉사 시간이 중요합니다. 학생 개인 계획에 의해 실시한 봉사 활동은 학교장이 승인하면 인정됩니다. 1365 자원봉사포털(행정안전부), VMS(보건복지부), DOVOL(여성가족부)에서 미리 신청한 것도 개인 봉사 활동으로 인정됩니다.

봉사 활동 인정 시간은 1일 8시간 이내입니다. 근로기준법에 따르면 18세 미만인 사람은 1일 최대 8시간까지 일을 할 수 있다고 합니다. 봉사 활동도 마찬가지입니다. 봉사 활동을 할 때 학교 수업 시간을 고려해 최대 8시간까지 가능합니다. 평일 수업 시간이 7교시인 경우는 봉사 활동 시간 1시간, 6교시인 경우는 봉사 활동 시간 2시간, 4교시인 경우는 봉사 활동 시간 4시간으로 수업 시간과 합산하여 8시간을 넘길 수 없습니다. 휴업일(토요일·공휴일·방학·재량휴업일)일 때는 학교 수업이 없으므로 봉사 활동 시간을 8시간 이내로 인정합니다. 그래서 봉사 활동은 되도록 휴업일에 하기를 권장합니다.

봉사 활동은 당해 학년도(3월 1일부터 이듬해 2월 말일까지) 것만 인정합니다. 하지만 대체로 종업식 및 졸업식 전에 학교생활기록부 입력을 마무리하고 확인과 학교생활기록부 검증까지 완료합니다. 그 이후에 가지고 오는 것은 원칙적으로는 입력은 가능하지만 누락되거나 오류가 있을 수 있어서 저는 개인 봉사 활동을 최소 11월 이전에 마무리하도록 권하고 있습니다. 현재는 코로나19로 최소 봉사 시간이 줄어서 학교에서 실시하는 봉사만 해도 봉사 시간이 충분합니다.

학교에서 하는 봉사 활동은 봉사 활동 관련 안내를 비롯하여 교내 대청소 등의 활동들을 합니다. 주로 창의적 체험 활동 시간에 운영되며 1시간 이내로 끝날 만한 활동이 중심입니다. 개인으로 하는 봉사 활동은 미리 신청해야 하는데, 주로 도서관이나 관공서의 봉사 활동을 합니다.

* 1365 자원봉사포털(행정안전부) www.1365.go.kr
* VMS(보건복지부) www.vms.or.kr
* DOVOL(여성가족부) www.youth.go.kr/youth

▎진로 활동

진로 활동은 학교 교육 계획에 의해 학교에서 주최하고 주관하여 시행한 활동을 의미합니다. 학생의 진로 희망(희망 분야 또는 희망 직업)을 받고 진로와 관련된 진로 검사, 진로 상담 등의 활동을 합니다. 진로 활동은 주로 진로 진학 교사의 계획에 따라 운영됩니다.

중학생들은 대부분 진로가 명확히 결정되지 않은 경우가 많습니다. 중학교의 진로 활동은 기초 진로 설계와 준비가 중심입니다. 고등학교에서 구체적 진로를 설계하고 탐색하기 위한 기초를 마련하는 시기가 중학생 때입니다. 그래서 진로 활동 시간에 주로 자기 강점 알아보기, 좋아하는 교과와 관련된 직업 찾아보기, 과거의 직업, 현재의 직업, 미래의 직업 알아보기, 진로와 관련된 책 읽고 발표하기, 적성 검사, 진로 검사 등 자신의 적성과 진로를 찾는 다양한 활동을 합니다. 또 연 1회 이상 위해 진로 진학 교사와 상담이 진행됩니다. 대부분의 학교에 진로진학실이 있습니다. 진로 진학에 고민이 있다면 학생, 학부모 누구나 전문 진로 진학 교사와 상담할 수 있습니다.

각 분야 전문가와의 만남을 진행하는 경우도 있습니다. 다양한 분야의 전문가를 학교에 초빙하면 학생들은 각자 자신이 관심 있는 분야의 전문가와 만나 강의도 듣고 질문도 주고받습니다.

창의적 체험 활동의 영역별 이수 시간은 정규 교육과정 내에서 실시한 학년·학급 단위의 활동 시간을 기준으로 본인이 실제로 창체 시간에 참여한 시간과 내용이 기록됩니다. 자율 활동, 동아리 활동, 진로 활동은 학교에서 주어진 활동에 충실히 참여하면 됩니다. 동아리 활동 중 자율동아리, 봉사 활동의 경우 추가로 본인의 의지에 따라 활동할 수 있습니다.

(2) 학부모 상담주간

1학기에는 3월 말~4월 중순 즈음, 2학기에는 9월 즈음에 학부모 상담주간을 갖습니다. 학교설명회나 공개수업 때보다 이때 개별 상담을 신청하는 것이 좋습니다. 학교에서 가정통신문으로 학부모 상담주간을 안내합니다. 가정통신문에 안내된 곳으로 상담 신청을 하면 됩니다. 상담선생님, 담임선생님, 원하는 교과 선생님 중 상담을 희망하는 선생님과 상담할 수 있습니다. 1학기 상담은 담임선생님보다 부모님들이 아이에 대해 더 많이 아는 시기입니다. 1학기 상담은 담임선생님에게 아이에 관해 이야기하는 시간으로 생각하세요. 2학기에는 아이의 성적이 가늠되는지 1학기보다 상담 신청이 적은 편입니다. 그러나 2학기가 아이를 관찰한 기간이 길어서 아이에 대해 좀 더 많이 들을 수 있습니다.

▌상담하고 싶은 부분을 먼저 이야기한다

상담 방법은 대면 상담과 전화 상담이 있습니다. 대면 상담은 부모님이 직접 학교에 찾아와서 상담하는 것이고, 전화 상담은 전화로 상담하는 것입니다. 대면 상담보다는 전화 상담이 더 많은 편입니다. 더구나 지금은 코로나19로 비대면이 서로 더 안심되는 상황이라 전화 상담을 추천합니다.

상담할 때, 미리 상담하고 싶은 부분을 이야기하면 담임선생님이 그 부분을 중점적으로 상담합니다. 상담 내용은 교우관계나 성적에 대한 것이 제일 많습니다. 그런데 교우관계는 부모님들이 걱정할 필요가 없는 경우가 많습니다. 사춘기라 집에 가서 친구들과의 일을 잘 이야기하지 않다 보니 걱정이 커지는 것 같습니다. 집에서와 다르게 학교에서는 명랑하게 친구들과 잘 어울리는 아이들이 대부분입니다. 대부분의 아이는 크고 작은 그룹을 만들어서 그 친구들과 교류하면서 생활합니다. 성적은 객관적인 기준이 없어서 기대가 꽤 큰 편입니다. 성적이 궁금하면 아이의 학습 태도를 질문하면 대략 성적이 가늠될 것입니다.

▌ 성적 상담은 최소 1차 지필 평가 후에 한다

성적 상담을 희망하면 1차 지필 평가 이후를 추천합니다. 그전에는 객관적인 성적이 없어 수업 태도, 과제 준비도 등의 학습 태도를 중심으로 상담합니다. 물론 객관적인 지표는 없지만, 선생님들은 다년간 수많은 아이를 만나기 때문에 학습 태도만으로도 어느 정도 예측 가능합니다. 하지만 섣부른 판단이 될 수도 있으므로 부모님들에게 말씀드릴 때는 조심스럽습니다.

▍상담 시간은 공강 시간이나 하교 시간 이후

상담을 희망하는 부모님들이 상담 신청을 하면 담임선생님은 상담 시간을 조율합니다. 이때 전화를 드렸다가 바로 상담으로 연결되는 경우도 종종 있습니다. 대체로 수업 중간 공강 시간이나 하교 후에 상담합니다. 중학생들은 상담을 많이 신청하지 않는 편이라 뒤에 상담할 분이 안 계시거나 선생님이 수업이 없다면 상담 시간이 길어지기도 합니다.

▍상담 팁

상담 팁이라면 긍정적이든 부정적이든 아이에 대해 자세히 이야기해달라는 것입니다. 간혹 아이에 대해 안 좋은 이야기를 하면 선입견이 생긴다고 아이에 대해 긍정적인 면만 이야기하라고 하기도 합니다. 하지만 꼭 그렇지 않습니다. 가정에서의 모습과 학교에서의 모습을 서로 제대로 알고 두 곳에서의 모습이 다르다면 왜 그런지 의논하고 아이가 가정에서, 학교에서 너욱 잘 성장하도록 학부모님과 교사가 서로 협력할 수 있는 시간이 필요합니다. 저는 그 시간이 학부모 상담 기간이라고 생각합니다.

특히 특목고나 자사고 등을 생각하는 아이라면 학부모 상담주간 때 미리 담임선생님에게 이야기해주세요. 그래야 담임선생님이 챙길 수 있습니다. 과학고나 영재고를 희망할 경우 담임선생님뿐 아니라 과학 선생님이나 수학 선생님에게도 미리 이야기하는 것이 좋습니다. 학부모 상담 때 담임선생님께 이야기했다 하더라도 아이에게 꼭 과학 선생님이나 수학 선생님께도 말씀드리도록 해주세요.

대면 상담을 신청하면 학교에 빈손으로 가기 민망해서 뭔가를 사가야 하나 고민할 때도 있습니다. 하지만 청탁금지법 이후 선생님들은 아무것도 받지 않습니다. 고민하지 말고 빈손으로 학교에 가시면 됩니다. 부담 없이 편한 마음으로 선생님과 상담하세요.

상담은 학부모 상담주간에만 할 필요는 없습니다. 담임선생님께 문의하고 싶은 게 있다면 언제든 문의하면 됩니다. 학교에서 도울 수 있는 일이라면 언제든지 담임선생님들이 도울 것입니다.

10, 11월, 수학여행과 수련회,
대학수학능력시험과 교원능력개발평가

• • •

(1) 수학여행과 수련회

수학여행과 수련회는 늘 학교 안에서만 활동하던 아이들이 학교에서
벗어나서 활동하는 공식적인 행사입니다. 수학여행이나 수련회 전날
아이들은 무척 설렌다고 합니다. 학교에서 수업만 듣던 아이들이 학교
가 아닌 곳에서 수업이 아닌 활동을 하기 때문입니다. 수학여행 전날 설
레서 제대로 잠도 못 잤다는 아이도 있습니다.

▌수학여행과 수련회 협의 과정

수학여행과 수련회는 대체로 같은 날에 갑니다. 한 학년만 학교에 남아 있으면 다른 학년 아이들이 공부에 집중하지 못하기도 하고 학년별 수업이 걸치는 선생님들도 있어 수업이 원활히 이루어지지 않습니다. 같은 날에 가면 학사 일정에 무리가 없습니다.

수학여행과 수련회는 1학기에 가거나 2학기에 가는데, 1학기에 가는 학교가 더 많은 편입니다. 날씨가 좋아야 다양한 체험을 할 수 있기에 1학기에 가면 주로 5월 즈음에, 2학기에 가면 10월 즈음에 갑니다. 둘 다 날씨가 좋은 계절이고 5월은 한창 봄꽃이 만발하고, 10월은 단풍이 아름답게 져서 가는 아이들의 마음을 더욱 설레게 만듭니다.

수학여행과 수련회는 대부분 2박 3일로 계획해서 갑니다. 수학여행은 자신이 사는 지역과 멀리 떨어진 곳으로 갑니다. 수학여행 코스가 보기에는 별것 아닌 것처럼 느껴질지 몰라도 아이들의 흥미와 교육적 목적의 두 마리 토끼를 다 잡기 위해 엄청난 고민과 회의를 거듭한 끝에 나온 겁니다.

수학여행을 가기 위해 가정통신문으로 가고 싶은 지역을 1차 설문 조사합니다. 다음으로 가정통신문으로 갈만한 코스를 몇 군데 짜서 2차 설문 조사합니다. 이때 수학여행 경비도 고려해야 해서 생뚱맞은 코스를 짤 수 없습니다. 코스가 결정되면 담당 선생님이 직접 사전답사를 다녀와서 이동 시간 등을 고려해 수학여행 코스를 조정합니다. 수학여행 계획이 학교운영위원회에 통과되면 수학여행 안내 가정통신문을 보냅니다. 수련회도 여행코스를 정하는 것만 제외하면 과정은 비슷합니다.

▌ 약속 시각 준수

수학여행은 먼 거리를 여행하기 때문에 조금이라도 시간을 단축하기 위해 일찍 출발하고, 수련회는 입소 시간이 정해져 있어서 조금 늦게 출발합니다. 수학여행은 대부분 사복으로 갑니다. 온종일 많이 돌아다녀야 하니 활동하기 편한 옷과 운동화를 추천합니다.

수학여행에서 약속 시각을 잘 지키는 것이 중요합니다. 가끔 한두 명을 기다리느라 버스 전체가 늦어지는 경우가 있습니다. 선생님이 버스에서 내릴 때, 언제까지 버스를 타야 한다고 안내하면 그 시간 안에 도착해야 합니다. 단체 활동이기 때문에 나 하나 때문에 몇백 명의 일정이 늦춰질 수 있다는 생각으로 약속 시각을 지키도록 합니다.

수학여행의 백미는 놀이공원이 아닐까 합니다. 희망지 설문 조사 결과에 항상 놀이공원이 포함됩니다. 일부러 실컷 놀라고 그날 하루 일징을 놀이공원으로만 잡기도 합니다. 얼마 전, 수필 쓰기 수행 평가를 했는데 전교생의 반에 가까운 아이들이 초등학교 때 갔던 수학여행을 소재로 글을 썼습니다. 대부분 놀이공원에서 놀이기구를 탔던 내용이었습니다. 2년이 지났는데도 그 내용을 수필로 쓰는 걸 보니 아이들에게 가장 추억이 되는 것은 확실히 수학여행 중에서도 놀이공원인 것 같습니다.

수련회의 의미

수련회는 수학여행과는 다릅니다. 수학여행은 여러 곳을 여행하면서 체험 활동을 하는 것이라면 수련회는 수련 활동을 위한 것입니다. 수련회는 대부분 전문적으로 수련 활동을 할 수 있는 곳으로 갑니다. 옛날에는 극기에 가까운 수련 활동을 했다면 요즘에는 예능에 가까운 수련 활동을 하는 편입니다. 물론 핸드폰 사용도 금지되고 10시 이후 취침해야 하는 등 불편한 상황이 많이 있습니다. 그래도 아이들은 함께 수련 활동 하고 같이 자는 것이 재미있는 듯합니다. 수련회장에서는 힘들다고 선생님들을 볼 때마다 징징거리지만 막상 수련회가 끝나는 날이 되면 서운해하며 다음에 또 수련회를 오고 싶다는 아이들이 많습니다.

수학여행이나 수련회에 참가하지 못하거나 원하지 않는 아이들은 참여하지 않아도 됩니다. 하지만 수학여행이나 수련회도 학교 교육의 일환이기 때문에 참가하지 않았다고 해서 등교를 하지 않아도 되는 것은 아닙니다.

잔류 학생들은 수학여행이나 수련회 기간 등교해야 합니다. 이 기간 동안 학교에서 자체 프로그램을 운영합니다. 잔류 학생 수가 너무 적어 학년별로 따로 운영하기 힘든 경우는 전교생을 묶어서 운영하기도 합니다. 담임선생님들은 수학여행이나 수련회 지도를 위해 학교에 없으므로 잔류 학생 지도는 비담임 선생님들의 몫입니다. 점심 식사는 제공되지 않기 때문에 도시락을 지참해야 하며 정규 수업 시간 동안 학교에 있습니다.

수학여행이나 수련회 참석 여부는 학생 재량이므로 충분히 의논해서 어찌할지 결정하면 됩니다.

수학여행이나 수련회 동안 얼마나 즐거운지 교내에서 학교행사를 할 때보다 사건 사고가 훨씬 많이 일어납니다. 수학여행이나 수련회 때 에피소드를 모아서 책을 낸다면 아마 10권도 넘는 시리즈물이 나오지 않을까 생각합니다. 아이들은 가장 즐겁고 선생님들은 가장 긴장되고 불안한 학교행사가 수학여행과 수련회입니다.

(2) 대학수학능력시험과 교원능력개발평가

▌대학수학능력시험

중학생들에게 대학수학능력시험은 너무 먼 이야기 같습니다. 하지만 선생님 입장에서 대학수학능력시험은 남의 이야기가 아닙니다. 중학교 라 할지라도 대학수학능력시험 고사장이 될 수 있고, 고등학교 선생님 들만으로는 수능 감독이 힘들기 때문에 중학교 선생님도 수능 감독관 으로 차출되어 감독을 하기도 합니다.

대학수학능력시험을 치는 날 아침에는 수험생들이 고사장에 지각하 지 않도록 공공기관의 출근 시간이 늦춰집니다. 이날 대학수학능력시 험 고사장으로 사용되는 학교는 학교장 재량휴업일로 등교하지 않습니 다. 학교에 따라 수능 감독관이 많이 차출된 학교도 정상적인 수업 운영 이 힘들어서 학교장 재량휴업일로 등교하지 않기도 합니다. 물론 등교 하는 학교도 있습니다. 그럴 때는 등교 시간을 10시 정도로 늦춰서 일과 를 운영합니다. 수능 감독으로 차출되어 간 선생님을 대신해서 다른 선 생님이 들어오기도 하고 아예 그날은 정상 수업이 아닌 다른 자체 프로 그램으로 돌리기도 합니다.

▌수능 시험지 활용 팁

중학교 2~3학년 정도 되면 대학수학능력시험이 끝나고 나서 학원에서 수능 시험 문제를 풀어봤다고 이야기하기도 합니다. 아마 생각보다 시험 결과가 좋지는 않을 것입니다. 고등학교 3년을 준비한 아이들을 대상으로 한 시험이므로 중학생에게 어려운 게 당연합니다.

대학수학능력시험은 공부 방향 잡는 데 활용하기 좋습니다. 공신력이 있고, 공부의 기준으로 삼을 수 있기 때문입니다. 수능이 끝나면 아이에게 수능 시험문제를 풀어보게 하세요. 첫 성적에 충격 받지 말고 정기적으로 풀며 아이의 발전 정도를 파악하는 용도로 사용해보세요.

▌교원능력개발평가 의미

교원능력개발평가는 교원의 교육 활동 전반에 대한 평가와 만족도를 바탕으로 전문성을 향상해 교육의 질을 향상하고 평가 및 만족도 향상을 통해 공교육에 대한 신뢰를 높이기 위한 목적으로 매년 운영됩니다.

교원능력개발평가는 관리자, 동료 교사, 학부모, 학생의 참여로 이루어집니다. 연 1회 이상으로 동료 평가, 학생 만족도조사, 학부모 만족도조사의 세 가지 평가로 시행됩니다. 평가 방법은 대부분 온라인으로 설문 조사서를 작성, 제출하는 방식으로 이루어집니다.

학생 만족도조사와 학부모 만족도조사는 평가 요소 내 주요 지표 중심 및 동료 교원 평가지표에서 5문항 이상으로 구성합니다. 평가 방법은 5단 척도 체크리스트와 자유 서술식 응답을 병행합니다.

교원능력개발평가 기간이 되면 교원능력개발평가 학생·학부모 만족도조사 사이트가 열립니다. 이 기간에 학교 홈페이지에도 교원능력개발평가 학생·학부모 만족도조사 사이트에 바로 갈 수 있는 팝업창이 뜹니다. 학교 홈페이지를 이용하면 좀 더 편리하게 교원능력개발평가 사이트에 들어갈 수 있습니다.

* 교원능력개발평가 - 학생·학부모 만족도조사 사이트 www.eduro.go.kr

▮ 평가 참여 방법과 결과

교원능력개발평가 사이트에서 학부모 만족도조사를 클릭하면 자녀 정보 확인 창이 뜹니다. 자녀의 학교를 찾아서 아이의 학년과 성명, 학부모 본인 확인 번호를 입력합니다. 학부모 본인 확인 번호는 학교를 통해 발급, 안내됩니다. 알파벳과 숫자가 섞인 암호 같은 문자로 이루어져 있습니다.

학부모 만족도조사에는 교장, 교감, 담임, 과목 담당 교사 등 학교 선생님들에 따라 만족도조사가 뜹니다. 각 선생님의 이름을 클릭하면 선생님들의 교육 활동이 간략하게 소개되어 있습니다. 관리자 1인과 담임 만족도 조사는 필수, 다른 선생님들은 선택사항입니다.

교원능력개발평가는 5단 척도 체크리스트로 구성되어 있습니다. '매우 그렇다'는 80~100점, '그렇다'는 60~79점, '보통이다'는 40~59점, '그렇지 않다'는 20~39점, '전혀 그렇지 않다'는 0~19점입니다. 80점 정도라고 생각되면 '매우 그렇다'에 해당한다고 보면 됩니다. 가운데를 선택하는 경우가 많은데 점수로 환산해서 체크해주시면 좋겠습니다. 아래쪽에는 자율서술형을 응답할 때 선생님의 좋은 점과 바라는 점을 씁니다.

교원능력개발평가 결과는 매년 11월 개별 교원들에게 비공개적으로 통보됩니다. 선생님들에게 동료 평가, 학생 만족도조사, 학부모 만족도

조사 결과와 자율서술형 결과가 통보됩니다.

교사로서 좋은 말이 쓰여 있든, 안 좋은 말이 쓰여 있든 덤덤하게 나를 채찍질하는 결과로 삼아야지 마음먹지만, 교원능력개발평가 결과를 볼 때 신경이 쓰이는 건 어쩔 수 없는 것 같습니다. 다행히 대부분 좋은 말들을 많이 써주셔서 감사한 마음입니다.

교원능력개발평가가 교원정책과 공교육의 질 향상이라는 본질적 목적에 도움이 되기 위해서는 객관성과 공정성을 확보하기 위해 학교가 더욱 노력하고 공교육 제도에 신뢰를 구축하는 것도 중요하다고 생각합니다. 교원능력개발평가가 이런 목적을 충실히 수행하기 위해 교사와 학부모 쌍방의 노력이 필요할 것 같습니다.

12월,
학교 축제, 종업식

. . .

(1) 학교 축제

1학기에 체육대회가 있다면 2학기에는 학교 축제가 있습니다. 학교 축제는 세 영역으로 나눌 수 있습니다. 무대 공연, 작품 전시, 축제 부스 운영입니다. 학교 축제의 모습은 학교마다 조금씩 다릅니다. 축제 관련 활동은 세 가지 모두를 다 운영할 수도 있고 한두 가지만 운영할 수도 있습니다.

▍참여 의식을 드높이는 무대 공연

무대 공연은 반드시 모든 반이 한 번씩 참여합니다. 자유학기 때 악기연주나 댄스 등의 수업을 들은 아이들의 무대도 올립니다. 남은 무대는 희망자를 받아서 공연을 꾸밉니다. 모든 희망자가 무대에 오를 수는 없습니다. 오디션을 통해 합격한 팀만 무대에 오를 수 있습니다.

오디션에 참가하는 대부분 팀이 댄스공연을 합니다. 저는 오디션 심사를 할 때마다 이렇게 춤을 잘 추는 아이들이 우리 학교에 많았나 감탄하곤 합니다. 평소 눈에 띄지 않았던 아이들이 축제에서 주인공인 경우가 많습니다. 그 아이들을 보며 공부만 강조하는 학교생활이 얼마나 갑갑했을까, 이렇게 축제에서 끼를 펼칠 수 있어서 다행이다 싶은 생각을 많이 합니다. 안타깝게도 모든 아이가 무대에 오르는 것은 아닙니다. 축제 운영 시간상 정해진 소수의 팀만 무대에 오를 수 있기에 아쉽지만 냉정하게 순위를 정해야 합니다.

반 아이들 전체가 참여하는 반별 무대 공연도 준비합니다. 체육대회는 각자 플레이가 중요하다면 학교 축제는 반 아이들이 함께 무대에 오르기 때문에 협동이 중요합니다. 반 아이들 모두 하나의 무대를 만들기 위해서 의견을 내고 회의합니다.

하지만 모든 사람이 만족하는 결과는 없습니다. 학교 축제 공연 무대를 준비하다가 아이들끼리 싸우는 경우도 허다합니다.

이때 담임선생님이 나서면 갈등이 더 커질 수도 있습니다. 정말 심각하다 싶으면 직접 개입하지만 대체로 최소한으로 개입하며 아이들끼리 해결하도록 하고 갈등이 생긴 아이들을 다독입니다. 축제 준비를 하며 생긴 크고 작은 갈등을 해결하면서 아이들도 조금씩 성장합니다. 결국 아이들은 갈등을 해결하고 무대에 오릅니다. 언제 갈등이 있었나 싶게 협력해서 좋은 무대를 만듭니다.

학교 축제 때 외부인 출입을 제한하지 않으면 학부모도 공연을 관람할 수 있습니다. 그러니 가능하면 자녀의 공연 모습을 보시길 추천합니다. 아이의 성장한 모습에 감동할 것입니다.

일 년간의 결과물, 작품 전시

작품 전시의 경우, 학교에서 한 장소를 마련해 갤러리처럼 꾸며 작품을 전시합니다. 전시장에는 미술 작품만 전시되지 않습니다. 수업 중 다양한 활동 작품이 과목별로 전시됩니다. 자유학기제 때 그림으로, 만들기로, 글쓰기로 했던 많은 결과물입니다. 다른 학년도 수업 결과물을 전시하지만, 자유학기제 결과물이 다수를 차지합니다.

전시장을 보면 지난 일 년의 수업 결과가 한눈에 보입니다. 미술 활동 같이 여겨지는 활동들도 있겠지만, 전시물을 보면 과목별 특성이 확연히 드러납니다. 아이들은 자기 작품과 다른 아이의 작품을 비교하며 내년을 위한 반성과 결심의 계기로 삼기도 하고 다른 학년의 전시물을 보면서 다음 학년의 활동을 살펴보기도 합니다. 보통 축제 당일만 전시하는 것이 아니라 며칠간 기간을 두고 전시하니 꼼꼼히 살펴보면 좋습니다.

▌축제 부스 운영

축제 당일 부스도 운영합니다. 축제 부스는 여러 가지를 판매해서 돈을 벌 수 있어서 아이들이 제일 좋아하는 활동 중 하나입니다. 반별로 축제 부스 운영 여부를 정하는데 모든 반이 참여하라고 권하는 편입니다.

축제 부스는 각 반 교실에서 운영됩니다. 축제 부스에서 무엇을 할 것인지, 운영은 어떤 방식으로 할 것인지 등을 의논합니다. 위험해서 화기 사용은 금지되고, 전열기도 학교 전체의 전원이 차단되는 경우가 있어서 사용이 제한됩니다.

그런데도 먹을 것을 파는 부스가 제일 많이 운영됩니다. 음료를 팔기도 하고, 떡볶이나 어묵 등의 분식을 몰래 팔기도 합니다. 노래방을 운영하거나 게임방을 만드는 반도 있고 교실을 귀신의 집으로 꾸미기도 합니다. 축제 며칠 전부터 학교 구석구석 자기 반의 축제 부스를 홍보하는 전단이 붙습니다.

강매하려고 교무실로 오는 아이들도 있습니다. 선생님들도 아이들의 추억을 위해 부스에서 파는 각종 먹거리 등을 골고루 사는 편입니다. 아이들도 자기 반의 부스를 지키기도 하고 다른 부스를 돌아다니며 이것저것 사서 먹고 게임도 하면서 즐겁게 지냅니다.

축제 부스를 운영하면 아이들이 급식을 잘 먹지 않아서 급식이 많이 남는 부작용이 있습니다. 급식소에서 아이들이 좋아할 만한 음식을 준비하지만, 배가 불러 급식을 많이 남기는 편입니다(그 때문에 먹거리 부스 운영을 제한하기도 합니다).

학교 축제는 체육대회와 다른 재미가 있는 학교행사입니다. 학교 축제는 2학기 2차 지필 평가가 끝나고 난 후에 하기 때문에 모든 성적이 마무리된 뒤라 아이들도 마음 편하게 즐깁니다. 공연이나 전시를 보면 지난 일 년의 결실이 느껴져서 한 해가 잘 마무리되는 느낌입니다. 아이들은 즐거운 기억을 안고 새 학년을 맞이할 것입니다.

(2) 종업식과 졸업식

요즘은 12월에 겨울방학식을 하고 2월에 일주일 정도 등교하고 졸업식과 종업식을 하는 학교도 있고, 중간에 겨울방학식을 하지 않고 1월 초까지 등교하다가 겨울방학식 겸 졸업식과 종업식을 하는 학교도 있습니다.

전자는 예전부터 우리가 주로 운영했던 '겨울방학-개학-종업식-봄방학'의 학사일정입니다. 이 경우 겨울방학과 봄방학이 이어지지 않고 중간에 끊기게 되어 방학 중에 어떤 것을 연속해서 하기 힘듭니다. 하지만 학교생활기록부에 기재되는 내용을 방학 중에 점검하고, 누락되거나 오류가 난 부분에 대해 학생 확인이 가능해서 학교생활기록부를 꼼꼼하게 확인하고, 수정할 수 있습니다. 이 일정의 장단점은 아마 충분히 아시리라 생각합니다.

후자의 경우, 겨울방학과 봄방학이 쭉 이어지기 때문에 공부 등을 연속하기 좋습니다. 하지만 12월 말에 성적 마감과 학교생활기록부 마감을 동시에 해야 하므로 학기 말에 정신이 없습니다. 학교생활기록부에 누락이나 오류가 발생해서 아이들의 확인이 필요할 때 등교하지 않아 확인이 쉽지 않기도 합니다. 또 12월 말은 독감이 유행하는 시기라 독감이나 유사 증상으로 결석생이 폭발적으로 증가하기도 합니다.

12월 말에서 1월 초에는 전자의 방법이 더 좋을 것 같다가 막상 방학이 되면 연결해서 쉴 수 있으니 후자의 방법이 더 좋아 보이기도 합니다.

█ 종업식 운영

이날 1, 2학년은 종업식을, 3학년은 졸업식을 합니다. 대체로 3학년은 강당에서 졸업식을, 1, 2학년은 교실에서 방송으로 종업식을 합니다. 종업식 날 아이들은 2학기 성적표를 받습니다. 종업식까지 출결이 마무리되어야 해서 졸업식과 방학식의 날짜가 다른 경우 종업식 날 성적표를 받기도 합니다. 방학식 전에 미리 성적표를 출력한 경우, 방학식 날 받는 성적표의 출결은 학생생활기록부의 출결과 차이 날 수 있습니다. 학생생활기록부의 출결이 더 정확합니다. 최근에는 1월 초까지 2학기를 끝내고 겨울방학식과 종업식을 동시에 하는 학교가 점점 늘고 있습니다.

종업식 날도 오전에 종업식 행사를 합니다. 1, 2교시는 담임 시간으로 교실 대청소 및 자기 자리를 정리합니다. 이제는 아이들도 학년이 바뀌어서 지금 쓰는 교실을 더 사용하지 않습니다. 교실을 최대한 깨끗하게 정리합니다. 그래야 다음에 교실을 사용하는 아이들이 깨끗하게 사용할 수 있기 때문입니다. 책상 서랍을 다 비우고 사물함도 다 열어서 버릴 것과 집에 가져갈 것을 챙깁니다. 바닥 청소와 자기 주변 청소까지

다 하고 나면 대청소가 정리됩니다.

교과서는 다음 해에도 사용해야 하는 것을 제외하고는 다 버립니다. 폐지 수거 차량이 학교로 오며 버릴 교과서를 반별로 가져가서 차에 버리도록 합니다. 지나간 교과서는 보관해봤자 다시 보지 않는 경우가 대부분이라 그냥 버리라고 하는데, 본인이 원하면 집으로 가지고 가도 됩니다. 교과서가 꽤 무거운 편이라서 저는 웬만하면 학교에서 버리고 가라고 권하는 편입니다.

▌임시 반 배정

이날 아이들은 2-가, 2-나 등의 반을 배정받기도 합니다. 이 반은 임시 반입니다. 2월 말 학교 홈페이지에 배정 반이 떠야 몇 반인지 정확히 알수 있습니다. 그전에는 누구와 같은 반이다 아니다 정도만 확인할 수 있습니다. 2월 말에 학교 홈페이지에 새 학기 임시 시간표도 게시됩니다. 그 시간표로 3월 2일 등교할 때 가방을 챙겨서 배정받은 반의 교실로 가면 됩니다.

▌종업식 날 인사하기

종업식은 학년의 마지막 날입니다. 아이에게 담임선생님이나 과목 선생님께 마지막 감사 인사를 하라고 이야기해주세요. 다음 해에 따라 올라가는 선생님도 있겠지만 학년을 마무리하는 날이니 인사하는 것이 좋다고 생각합니다. 물론 그날은 아이들도 선생님들도 정신없습니다. 하지만 마지막 따뜻한 감사의 인사는 기억에 오래 남습니다.

종업식까지 끝낸 아이들에게 지난 1년간 학교생활을 잘했다고 격려해주세요. 맛있는 외식이면 더 좋겠지요. 부모님들도 아이들도 지난 1년간 정말 고생 많았습니다.

1, 2월,
겨울방학과 반 편성

. . .

(1) 겨울방학 현명하게 보내기

12월 말부터 2월 초까지 겨울방학을 하고 2월에 일주일 정도 등교한 후 봄방학을 하는 학교도, 겨울방학이 봄방학까지 이어지는 학교도 있습니다. 어쨌든 봄방학을 맞이했다는 것은 우리 아이들이 지난 1년을 무사히 잘 보냈다는 뜻입니다. 겨울방학을 할 때쯤 되면 아이들은 한 뼘 정도 의젓하게 자란 기분이 듭니다. 입학했을 때 보았던 아기 같은 모습은 없어지고, 이제 제법 중학생티가 납니다.

▍취약 과목 보완과 다음 학년 준비

겨울방학이 지나고 나면 이제는 진짜 성적을 내는 2학년이 됩니다. 겨울방학은 지난 학년의 학습 성취 정도를 점검하고 취약 과목을 보완하여 다음 학년을 준비하는 기간입니다.

6학년 겨울방학을 놓쳤다면 자유학기로 성적의 격차를 덜 느낄 수 있는 1학년 겨울방학이 지난 공부의 구멍을 메우고 다음 공부의 기틀을 다질 수 있는 마지막 기회입니다. 1학년 겨울방학 때 아이의 학습력을 최대한으로 높여야 합니다.

▍스터디 플래너 사용과 생활 루틴 만들기

겨울방학은 기간이 긴 만큼 자칫 나태해지기 쉽습니다. 나태하게 보내지 않기 위해서는 계획을 세워 생활해야 합니다.

요즘 많은 아이가 스터디 플래너를 사용합니다. 스터디 플래너를 이용해 매일 학습량을 정하고 학습 시간이나 학습량을 점검합니다. 겨울방학 때 여유 시간이 많아져서 학원에서 공부하는 시간을 늘리는 경우가 많습니다. 그것도 좋지만, 그보다 스스로 학습량을 정하고 공부하는 시간을 확보하는 것이 더 중요합니다. 그래야 자기 주도적 학습 능력이 향상됩니다. 학원에 다니더라도 반드시 자기 스스로 공부하는 시간을 확보해야 합니다. 겨울방학을 시간이 걸리더라도 아이가 스스로 공부하는 방법을 찾아내는 시간으로 만들어주세요.

1학년 겨울방학, 마냥 흘려보내지 말고 생활 루틴을 만들어야 합니다. 겨울방학은 학교에 다닐 때처럼 수행이나 지필 평가가 있는 것도 아니고 여름방학처럼 짧지도 않습니다. 그러다 보니 늦게 자고 늦게 일어나는 경우가 많습니다. 개학 후 아이들에게 물어보면 방학 동안 시간 여유가 많아 새벽 3시까지 게임하고 12시까지 잤다고 하는 아이들이 많습니다. 개학하고 한 달 정도 수업에 집중하지 못하고 멍하게 앉아 있는 아이들도 있습니다. 하지만 최상위권 아이들은 개학 직후에도 생활에 흔들림이 없습니다. 취침 시간과 기상 시간이 일정해야 생활 루틴이 잡힙니다.

▎가장 중요한, 독서

겨울방학은 학교에 다닐 때보다 여유 시간이 많습니다. 독서에도 힘써주세요. 중학교 2학년 때 각종 평가가 시작되면 책 읽을 시간이 거의 없습니다. 아이가 좋아하는 책 위주로 읽히고, 소설과 인문, 사회, 기술, 예술, 과학 등 비문학 영역의 책을 골고루 읽게 합니다. 학기 중에는 한 달에 책 한 권 읽기도 빠듯합니다. 겨울방학 때는 일주일에 한 권이라도 읽게 해주세요.

지난 학년 복습, 다음 학년 예습

지난 학년의 영어와 수학도 점검합니다. 영어와 수학은 앞 학년에서 제대로 공부하지 못하면 다음 학년 학습 내용을 제대로 따라가기 힘듭니다. 긴 겨울방학 부족한 영어와 수학을 집중적으로 보완합니다. 사회나 과학 등의 과목도 공부해두면 좋습니다. 이 과목들은 학습적으로 느끼지 않게 독서로 접근해주세요. 국어는 독서와 비문학 문제집 풀기를 추천합니다.

겨울방학은 지난 학년을 복습하고 다음 학년을 예습하기 좋은 시간입니다. 여유로운 마음으로 지난 학년을 마무리하고 다음 학년을 준비하는 기간으로 겨울방학을 활용해보세요.

운동으로 체력 키우기

그동안 못했던 운동을 하는 것도 좋습니다. 공부하느라 아이의 체력이 많이 떨어졌을 것입니다. 겨울방학 때 체력을 다져주세요.

중학교 3학년 아이들을 대상으로 PAPS 검사(Physical Activity Promotion System, 학생건강체력평가)를 하다가 놀랐던 적이 있습니다. 생각보다 아이들의 유연성이나 체력이 좋지 않았거든요. 각 검사를 보통 수준으로 수행한 아이도 많지 않았습니다. 답답한 마음에 제가 해보기도 했는데 체력이 별로 좋지 않은 저조차 아이들에게 '우와' 하는 감탄과 박수를 받을 정도였습니다. 저보다 키도 덩치도 큰 아이들이 체력이 떨어지다니 놀랄 수밖에 없었습니다.

게다가 다들 안경을 쓰고 있는데도 시력이 0.1~0.5 사이였습니다. 안경을 벗은 시력이 아니라 교정시력이요. 실내에서 공부만 하고 쉬는 시간에는 게임만 하느라 눈이 쉴 틈이 없어서 더 그런 것이 아닐까 하는 생각이 들었습니다.

시간 여유가 있는 겨울방학 때만이라도 운동도 하고, 눈도 쉬게 해주어 체력도 키우고, 시력도 보호할 수 있도록 해주세요.

겨울방학식을 할 때마다 아이들에게 비슷하게 잔소리하는 내용들입니다. 겨울방학을 알차게 보내게 해주세요. 그러면 다음 학년의 학습을 걱정할 필요가 없을 것입니다.

(2) 반 편성

반 편성의 첫 번째 기준은 성적입니다. 다만 1등이 1반이 아닐 수 있습니다. 반 편성을 할 때 1-가, 1-나 등으로 반을 구성합니다. 선생님들이 1-1, 1-2의 반 담임으로 결정된 상태에서 아이들의 이름이 담긴 봉투를 무작위로 받습니다. 1-1 담임선생님이 받은 반이 1반이 됩니다. 그 반은 1-가 반일 수도, 1-나 반일 수도 있습니다.

▌반 편성 원칙과 고려할 점

반 편성은 우선 성적을 기준으로 합니다. 다음으로 학교 폭력 등의 문제로 같은 반이 되면 안 되는 아이들을 분리합니다. 아이들끼리 문제가 있는 경우 미리 이야기해야 반 분리가 가능합니다.

중학교에 입학할 때 반 편성을 하기 전 학교 폭력 등의 사안이 있었으면 학교에 미리 이야기해주세요. 2, 3학년일 경우 이미 학교 폭력 사안을 알고 있어서 분반합니다. 하지만 초등학교 학교생활기록부가 중학교에 연계되지 않기 때문에 초등학교에서 있었던 일을 중학교에서는 알기 힘듭니다. 초등학교 때 문제가 있었다면 중학교에서도 같은 반이 되었을 때, 문제가 발생할 수 있으니 예방 차원에서 학교에서 미리 알고 있으면 대비할 수 있습니다.

반 분리의 경우 학교 폭력 등 명확한 근거가 있어야 합니다. 친한 아이들끼리 같은 반에 넣어달라는 부탁은 반영되지 않습니다. 반 편성을 할 때 학습 분위기도 중요해서 점수대가 골고루 나뉘도록, 반 전체의 평균 성적이 비슷하도록 반 편성을 합니다. 운동부가 있으면 운동부 학생이 한 반에 몰리지 않게 조정합니다. 그 외 많은 것들을 고려하여 담임 선생님들이 여러 번 반 편성 회의를 합니다.

최종적으로 반별로 인원수까지 비슷하게 조정하고 나면 반 편성이 마무리됩니다. 어떤 선생님이 어떤 반을 맡을지 결정되지 않은 상태에서 반 편성이 이루어집니다. 그래서 최대한 공정하게 반 편성을 하고자 노력합니다. 하지만 학년이 올라가면서 지난 학년과 교우관계가 달라지는 양상이 보이는 경우도 많아 모든 것을 예측하기 힘듭니다. 고민하고 고민해서 반 편성을 해도 예상하지 못한 문제가 발생하기도 합니다.

학교가 큰 경우, 선택지가 많아서 반 편성을 할 때 조금 수월합니다. 그런데 학교가 작으면 같은 반이 되면 안 되는 아이가 있어 분반했는데 다른 문제가 있는 아이와 같은 반이 되는 경우가 있습니다. 아무리 해도 학급수가 적어서 반 편성이 쉽지 않습니다. 엄청나게 고민해서 편성했는데 다시 해야 했던 적도 여러 번입니다. 그렇게 반 편성을 해도 모든 사람이 만족하는 결과를 내기 힘듭니다.

▌쌍둥이 반 편성, 어떻게 할까?

쌍둥이의 경우 같은 반에 배정되기를 원하면 미리 이야기해야 합니다. 그렇지 않으면 각자 개별 학생으로 파악되어 일반적으로 반 편성을 합니다. 초등학생 때는 아이들이 어려서 쌍둥이를 같은 반에 배정하기를 원하는 편입니다. 하지만 중학생 때부터는 커서 그런지 아이들이 같은 반에 편성되기를 원하지 않는 경우가 많습니다(물론 학교마다 쌍둥이 배정 규정이 다르기 때문에 학교에 문의해야 합니다).

엄마 입장에서 생각하면 같은 반이면 좀 편한 부분이 있습니다. 특히 온라인 수업이나 급식 등을 챙길 때 한꺼번에 챙길 수 있어서 좋아 보이기도 합니다.

그런데 아이들의 입장에서 생각해보면 중학생은 쌍둥이를 같은 반에 배정하는 것이 좋지 않을 것 같습니다. 한창 예민한 사춘기인데 형제가 함께 많은 시간을 공유하다 보니 서로 생활의 많은 부분이 오픈되어 눈치를 보게 되기 때문입니다. 자유학기제 때는 성적이 나오지 않아 그래도 괜찮습니다. 그런데 성적이 나오는 학년에서 두 아이의 성적이 차이가 나면 서로 비교되기 때문에 같은 반 배정을 추천하지 않습니다.

제가 본 아이들은 남녀 쌍둥이라 같은 반이 아니었습니다. 쌍둥이라 같은 고등학교에 배정받을 수 있어서 부모님은 같은 학교에 배정되기를 원하셨습니다. 그런데 아이들이 절대 같은 학교에 다니고 싶지 않다고 해서 각각 남고와 여고에 배정받았습니다. 지난 3년간 같은 반이 아니라도 너무 힘들었다고 이야기하더군요. 아이들 어머니께 시험 기간과 시험 범위가 같아서 둘이서 사이좋게 공부한다는 이야기를 들었는데 쌍둥이들은 힘들었나 봅니다.

선생님들은 학교에 입학한 아이들이 최대한 학교생활에 빨리 적응하고, 즐겁게 지낼 수 있도록 도울 것입니다. 반 배정이나 학급 생활에 대해서는 너무 걱정하지 않아도 됩니다.

중학교 3년
공부 로드맵

고교학점제를 대비한
공부 로드맵

• • •

중학교는 초등학교보다 고등학교와 결이 비슷합니다. 중학교의 생활과 학습 습관은 고등학교까지 이어집니다. 2025년이 되면 전국의 고등학교에서 고교학점제가 전면 시행됩니다. 고교학점제를 운영하면 학교는 학생의 수요를 반영한 과목을 개설해 학생 맞춤형 교육과정 운영을 준비하고, 학생들은 스스로 설계한 학업 계획에 따라 과목을 선택해 수업을 듣습니다. 과목 이수 기준(학업성취율 40% 이상 + 수업 횟수의 2/3 이상 출석)을 충족한 학생은 해당 과목에 대한 학점을 취득하고, 과목 이수 기준을 충족하지 못하면 보충 프로그램 등을 통해 과목을 이수할 수 있도록 지원합니다. 이렇게 취득한 누적 학점이 일정 기준(총 192학점(교과

174, 창체18)) 이상에 도달하면 졸업을 인정받습니다.

고교학점제란

2025년 전면 도입이지만 2020년 마이스터고에 학점제 도입, 2022년 특성화고에 학점제 도입, 2022년~2024년 일반계고 단계적 적용을 거쳐 사실상 이미 고교학점제가 시행되고 있다고 볼 수 있습니다.

고교학점제가 도입되면 학생 개개의 희망 진로와 적성을 고려하여 과목을 선택하여 공부하고, 담임제 운영도 10명 내외의 소수 학생 중심으로 변화한다고 합니다. 학생이 원할 경우, 학교 유형과 상관없이 다양한 과목을 선택할 수 있습니다. 또한 기존에는 수업 일수의 2/3 이상 출석하면 진급과 졸업이 가능했으나 2025년 고교학점제를 시행하는 학년부터는 기준 학점을 이수해야 졸업이 가능해집니다.

　학생이 과목을 이수하여 학점을 취득하기 위해서는 과목 출석률(수업 횟수의 2/3 이상)과 학업 성취율(40%* 이상)을 충족해야 하며, 3년간 누적 학점이 192학점 이상이면 고등학교 졸업이 가능합니다. 학교는 학생

---

* 간단하게 한 학기의 교과 성적이 40점 이상이라고 보면 됩니다.

의 미이수 예방에 중점을 두고 교육과정을 운영하되, 미이수가 발생했다면 보충 이수*를 통해 학점을 취득하도록 합니다. 최소 학업 성적 수준에 도달하지 못한 학생은 최소 학업 성적 수준에 도달하기 위해 책임지고 교육하여 학생들이 선택한 교과목을 반드시 이수하도록 합니다.

교육부에서 운영하는 고교학점제 사이트를 참고하면 고교학점제에 대해 자세히 살펴볼 수 있습니다.

* 고교학점제 안내 사이트 www.hscredit.kr

학부모로서 체계가 완전히 바뀌는 것이라 불안하고 걱정이 될 수밖에 없습니다. 선생님들조차도 고교학점제에 대해 우려의 목소리가 높습니다. 학생이 희망하면 수업을 개설한다고 하는데, 그 많은 과목을 다 개설할 수 있을지, 학교 간 공동교육과정은 어떻게 운영할 것인지, 교사 수급이 원활하게 이루어질 것인지, 평가 방법은 어떻게 할 것인지, 고교학점제가 제대로 운용되기 위해서는 현재 담임 중심의 학급이 완전히 재편성되어야 하는데 학생 관리는 어떻게 할 것인지 등 산적한 문제들이 많습니다.

---

* 　별도 과제 수행, 보충 과정 제공 등 과목 내용이나 수업량을 축소해서 수강하거나 대학처럼 재이수하는 방식 도입을 검토 중입니다.

▮ 고교학점제에 맞춰 전략 짜기

우리 아이들이 고등학교에 입학할 시점이 되면 이미 보완할 부분은 보완하고 유지할 부분은 유지하며 고교학점제가 운용되고 있을 것입니다. 그러니 고교학점제에 맞춰 어떻게 학업 로드맵을 세울지 전략을 짜야 합니다.

이를 위해 고등학교에서 성적 산출 방법과 아이의 적성과 그에 따른 진로를 알아보고 어떤 과목을 선택할 것인지 대략적인 그림을 그려보세요.

고교학점제에서 성적은 고1은 상대평가, 고 2, 3은 절대평가로 운영합니다. 상대평가는 얼마만큼 잘했느냐가 아니라 다른 사람들에 비해 얼마나 잘했느냐를 평가하는 것입니다. 학생들의 우열을 가리는 평가 방법입니다. 절대적인 점수보다 등수가 높아야 높은 평가를 받는 거죠. 절대평가는 함께 시험을 치르거나 평가받는 사람들이 얼마나 성취도가 높은지와 상관없이 자신만의 성취도를 확인하는 방식의 평가 기준입니다. 예를 들어 70점 이상이 합격이라면 그 시험에서 70점이 넘은 사람이라면 누구나 다 합격 처리되는 거지요. 하지만 절대평가라 해서 모두 A(90점 이상)를 받게 하기는 어렵습니다. 상위 등급 인플레를 막으려는 조치로 성취 비율을 같이 표시하기 때문에 A등급의 인원이 많으면 오히려 불리할 수도 있습니다. 이미 상위권 일부 대학에서는 A의 비율이

20%를 넘으면 오히려 성적이 불리하도록 조치해 놓았습니다. 그래서 고등학교에서 한 과목에서 A 등급을 받는 학생 수의 비율을 20% 정도로 맞춰서 시험 문제를 내는 추세입니다. 결국, 절대평가라 하더라도 시험 문제를 쉽게 낼 수는 없다는 이야기입니다. 또 그 과목의 수강자 수가 적으면 아무래도 좋은 등급을 받기 어렵습니다.

교육 제도가 바뀌면 아이 학습의 방향을 잡는 데도 큰 영향을 미칩니다. 경험하지 않은 길을 헤쳐나가야 하는 아이들은 고행길을 걸을 수밖에 없습니다. 고교학점제도 마찬가지입니다. 확실한 건 적성 찾기, 진로 탐색이 강화되는 방향으로 교육과정이 변화하고 있다는 것입니다. 내 아이의 적성과 진로를 빨리 찾을수록 이에 맞춰서 과목 선택, 학점 관리 등이 수월하고 고교학점제도 제대로 활용할 수 있을 것입니다.

▎중학교 3년, 공부 로드맵

교육 제도가 어떻게 바뀌든 기본이 잡혀 있으면 흔들리지 않습니다. 1학년 때부터 꾸준히 아이의 적성을 찾고 그에 따른 진로를 찾는 활동이 이어져야 합니다. 3년 동안 해마다 1회 이상 적성 및 진로 검사를 합니다. 이 결과를 허투루 보지 말고 활용해보세요. 아이들에게 배부되는 검사 결과지를 살펴보면 결과가 꽤 자세히 나옵니다. 결과지를 보고 아이의 적성에 맞는 진로를 의논해보세요. 가능하다면 진로에 맞는 대학과 학과까지 일찍 결정하면 준비가 훨씬 쉽습니다. 진로에 맞는 길을 찾기 위해서 학습도 뒷받침되어야 합니다. 아이 공부의 기본이 되는 국어, 영어, 수학을 학년마다 단단하게 잡고 가야 합니다.

1학년

1학년 1학기는 자유학기제를 운영합니다. 자유학기제 내용 중 진로 탐색 활동이 있어서 그때, 다양한 직업에 대해서 알아보고, 진로 검사, 적성 검사 등의 다양한 진로 탐색 관련 활동을 합니다. 이 시간을 이용해서 적성과 진로에 대해 생각하고 찾도록 합니다. 2학기가 되면 지필 평가를 준비해야 합니다.

1학기는 여유가 있습니다. 국어는 아직 학습으로 접하기보다는 독서가 중심이 되어야 합니다. 여기에 비문학 문제집을 추가합니다. 비문학 문제집은 적은 양이라도 꾸준히 할 수 있도록 하세요. 영어도 꾸준히 공부해야 합니다. 영단어는 매일 외우고, 영어 독해, 영어 듣기, 영문법은 요일을 정해서 합니다. 특목고를 준비하지 않는 대부분의 경우에 수학은 한 학기에서 한 학년 정도로 선행하고 현행을 꼼꼼하게 공부합니다.

2학년

1학년 때 시험을 쳐본 학생이라도 내신 공부하는 방법을 완전히 체계화하지는 못했을 겁니다. 지필 평가를 준비하면서 내신 공부하는 방법을 체계화해야 합니다. 내신 공부를 통해 몰입해서 공부하는 경험을 갖게 해주세요. 1학년 때 경험이 있었던 학생이라도 2학년 1학기 1차 지필평가는 대부분 우왕좌왕합니다. 하지만 지필평가를 계속 쳐봐야 공부하는 방법을 익힐 수 있습니다. 2차 지필 평가 때는 공부하는 모습이 훨씬 안정적일 거예요. 물론 완벽하지는 않습니다. 그래도 지필 평가 때마다 연습한다면 내신 공부하는 방법을 충분히 익힐 수 있을 것입니다. 이 경험이 고등학교 내신 공부를 잘하는 바탕이 됩니다.

국어는 비문학 문제집을 시작합니다. 영어와 수학은 1학년 때와 유사하게 공부합니다. 만일 아이가 국어, 영어, 수학 공부가 어느 정도 된다 싶으면 과학 선행을 시작해도 좋습니다.

3학년

고등학교를 대비하는 시기입니다. 서서히 고등학교 수준으로 국어, 영어, 수학의 수준을 높여야 합니다. 아마 꾸준히 공부했다면 고등 공부를 시작했을 수도 있습니다. 공부하면서 아이의 수준이 궁금하다면 고등학교 모의고사로 체크합니다.

국어는 3학년 2학기가 되면 개념 정리부터 시작해 고등 국어 인강을 듣습니다. 중학 문법도 정리합니다. 영어는 고등 영어 단어를 공부하고 영문법을 정리합니다. 영어 독해도 고등 수준으로 대비합니다. 수학은 고등 수학을 선행합니다. 최소 1년은 선행해야 합니다. 기본서를 충실히 해서 기초부터 단단히 다져놓습니다. 이렇게 3년간 뿌리를 단단히 만들어놓으세요.

▌점점 중요해지는 부모의 역할

고교학점제처럼 학생 선택의 폭이 넓어질수록 부모의 역할이 중요해집니다. 늦어도 아이가 중학교 2학년이나 3학년 때에는 전문적인 진로 적성 검사를 통해 아이의 진로나 적성을 잘 파악해서 아이의 적성에 맞는 로드맵을 제시해야 합니다.

아이의 적성에 맞는 진로가 결정되면 진로에 맞는 대학과 학과를 정하고, 그 대학 입학 방법을 알아야 합니다. 대학 홈페이지와 입학설명회를 통해 정보를 얻을 수 있습니다. 특히 학교 홈페이지의 '신입생 입학 전형'에는 필요한 것들이 상세히 나와 있으니 미리 꼼꼼하게 살펴보세요.

대학의 입학 전형을 보고 대학에서 필수로 지정하는 과목이나 조건을 보고 고등학교를 선택합니다. 고등학교를 선택할 때도 내신 성적을 잘 받기 위해서는 학생 수가 많은 학교가 여러모로 유리합니다. 내신 등급 면에서 봐도, 과목 개설 면에서 봐도 학생 수가 많은 것이 적은 것보다 훨씬 유리할 것입니다. 학교 알리미에서 각 학교의 개설 과목, 학생 수 등을 살핍니다. 그중 조건에 부합하는 고등학교가 결정되면 그 고등학교의 홈페이지에 들어가서 '신입생 입학 전형 안내'를 찾아서 그 고등학교에서 필요로 하는 중학교 학교생활기록부를 만듭니다.

초등학생 때 중학교를 어디로 가서 고등학교, 대학교를 어디로 갈지 결정할 것이 아니라 반대로 진로를 결정하고 그에 맞는 대학교, 고등학교를 결정하고 중학교 생활을 해야 합니다. 로드맵은 결코 아이 혼자 할 수 있는 일이 아닙니다. 부모님이 알아보고 아이와 상의하며 만들어나가야 합니다.

* 학교알리미 www.schoolinfo.go.kr

자유학기제,
지금이 기회다

• • •

처음 자유학기제가 시행되었을 때, 저는 자유학기제 담당자였습니다. 당시 교육부에서 자유학기제의 장점을 적극적으로 홍보하였습니다. 담당자에게 각종 자유학기제 연수, 토크콘서트 등을 듣게 하며 자유학기제의 장점을 학부모와 선생님들에게 알리려고 애썼습니다.

하지만 담당자인 저조차도 자유학기제에 대해 부정적이었습니다. 안 그래도 초등학교 때도 시험을 처보지 않은 아이들입니다. 1학년에 입학하자마자 학습 분위기를 잡고 공부를 시켜야 하는데 자유학기제라는 걸 해서 애써 1학기에 잡아 놓은 학습 분위기를 2학기에 망치라는 거냐며 연수를 듣는 내내 투덜거렸습니다(당시에는 1학기 때는 지필 평가 등 시험을 다 치고, 2학기에만 자유학기제를 실시했습니다). 자유학기제 첫해는 선생님들도 자유학기제에 익숙하지 않았기 때문에 좌충우돌할 수밖에 없었습니다.

자유학기제를 시행한 지 5년 이상이 지난 지금, 자유학기제에 대한 인식은 많이 달라졌습니다. 물론 아직도 자유학기제가 좋은 점만 있다고 생각하지는 않습니다. 진로를 찾는 활동을 하기에 중학교 1학년은 너무 어렵습니다. 다양한 활동이 아이에게 의미가 없게 느껴지기도 합니다. 하지만 이런 활동과 체험이 아이들에게 세상을 보는 눈을 넓혀주는 최소한의 기회가 되리라 생각합니다.

▌ 자유학기 활동의 의미

부모님들이 보기에 매일 무언가 만들고 그리는 것이 대부분인 자유학기제는 성적과 밀접한 관계가 없어 보입니다. 하지만 그 활동은 미술 활동이 아닙니다. 머리로 익히던 과목 내용을 온몸으로 체득하는 것으로 교육 방법이 전환되는 것입니다. 표현 방법으로 만들거나 그리는 활동이 많기는 합니다. 그 활동들을 통해 과목에 좀 더 편안하게 다가갈 수 있기 때문입니다. 결과물이 아니라 과정이 중요합니다.

단순히 앉아서 필기하고 외우기만 하는 공부는 즐겁지 않습니다. 하지만 자유학기제를 통해 다양한 활동을 하면서 공부가 재미있다고 생각할 수 있습니다. 학교가 즐거운 곳이라고 생각하게 할 수도 있습니다. 그것은 분명 의미 있다고 생각합니다.

▌학기 말 수업이 가능하다

시험이 없어서 학기 말 2차 지필 평가 후 수업을 듣지 않는 아이들과 씨름을 하지 않습니다. 시험을 치는 2, 3학년의 학기 말은 어수선합니다. 시험이 끝나고 수업 진도를 나가려 하면 시험이 다 끝났는데 왜 수업을 하냐는 아이들과 팽팽한 기 싸움을 해야 합니다. 아예 교과서를 가져오지 않는 아이도 많습니다. 매일 매시간 30여 명의 아이와 일주일 이상 기 싸움을 하고 나면 진이 빠져서 나중에는 아이들이 원하는 대로 영화를 보여주거나 다른 활동을 하기도 합니다.

그런데 자유학기제 때는 학기 말이라 해도 평소 수업과 다르지 않습니다. 시험이 없다 보니 끝났다는 느낌이 없기 때문입니다. 그래서 자유학기제를 운용할 때 아이들이 방학식 하는 날까지 수업에 끝까지 잘 따라옵니다.

▌성적 부담이 적어 다양한 활동이 가능하다

자유학기제 때의 성적은 고입 내신 성적 산출 시 성적에 포함되지 않습니다. 그래서 시험 압박 때문에 학년이 올라가면 할 수 없는 독서나 취미 등을 자유학기제 때 하는 것이 좋습니다.

내신 성적을 산출하는 시험을 치기 시작하면 여유 시간이 거의 없습니다. 학기당 2번의 지필 평가를 한 달 전부터 준비합니다. 범위도 넓고 교과서를 꼼꼼하게 봐야 하기 때문입니다. 시험 준비 기간에는 여유가 없습니다. 1학기 1차 평가는 4월 말~5월 초, 2차 평가는 6월 말~7월 초, 2학기 1차 평가는 9월 말~10월 초, 2차 평가는 2학년의 경우 11월 말~12월 초, 3학년의 경우 고입을 위한 내신 성적 산출을 위해 10월 중순입니다. 학기당 2개월은 지필 평가 준비를 하는 셈입니다. 수행 평가도 쏟아집니다. 시험을 치기 시작하면 여유 시간이 거의 없다고 보면 됩니다. 자유학기는 수업 시간의 활동이 평가입니다. 점수화되지 않으니 부담스럽지도 않습니다. 자유학기제 때는 무엇을 하든 가장 여유로운 시기입니다.

자유학기제 기간에 평가가 없다고 불안해하지 마세요. 그 기간 동안 학교에서 하는 여러 활동은 언젠가 아이에게 도움이 될 것입니다. 자유학기제 때 아이가 원하는 것이 있다면 그것에 집중할 수 있게 도와주세요. 자유학기제, 지금이 기회입니다.

중학교 2학년까지
독서 마스터하기

• • •

중학교 2학년만 되어도 독서 시간을 내기 어렵습니다. 하지만 고등학생이 되면 독서 시간이 더 없습니다. 늦어도 중학교 2학년 때까지 독서를 마스터해야 합니다. 물론 독서를 마스터한다는 말은 어불성설입니다. 어떤 책이든 주어진 시간에 제대로 읽을 수 있을 정도로 책을 읽으라는 뜻입니다. 중학교 2학년 때까지 쌓은 독서 실력이 중고등학교 국어 성적을 좌우합니다.

중학교 성적, 국어와 독서가 좌우한다

국어는 다른 과목을 공부하기 위한 도구 교과입니다. 이번에 지필 평가에서 영어 시간 감독을 하는데 한 아이가 손을 들었습니다. 그 아이에게 다가갔더니 저에게 "선생님, 단락이 뭐예요?"라고 질문했습니다.

무슨 뜻인가 했더니 영어 시험지에 '첫 번째 단락에서 말하고자 하는~'이라는 문제가 있었습니다. 영어 시험을 치는데 우리말인 '단락'을 이해하지 못해서 그 문제를 풀지 못하는 것이었습니다. 섣불리 답하면 안 될 것 같아 영어 선생님을 호출했습니다.

이렇게 단어의 뜻을 몰라서 시험 감독 중 단어의 뜻을 질문하는 모습은 전혀 낯선 상황이 아닙니다.

영어 시험뿐 아니라 사회, 과학, 기술·가정 시험을 칠 때도 질문합니다. 문제의 내용을 파악하는 질문이 아니라 단어의 뜻을 질문합니다. 일차적인 단어의 뜻을 질문하는 경우가 대부분입니다.

단어의 뜻을 파악하는 방법을 익히기 위해 어휘 문제집을 풀거나 국어 학원에 다닐 것이 아니라 독서를 해야 합니다. 독서를 통해 단어의 뜻을 유추하는 능력을 키워야 합니다. 단어의 뜻을 모르면 국어사전을 찾아서 그 뜻을 제대로 파악해야 합니다.

비슷한 패턴이 반복되는 일상생활에서 새로운 단어를 만날 가능성은 거의 없습니다. 단어의 뜻을 유추하거나 국어사전을 찾기는 더욱더 힘듭니다. 독서라는 특수한 환경을 마련해야 이런 활동이 가능합니다. 초등학생 때부터 독서하고 모르는 단어의 뜻을 찾는 습관이 몸에 배어 있어야 합니다. 중학생이 되어서 습관을 만드는 것은 더 힘듭니다.

국어는 하루 이틀 공부해서 성적을 올리기 힘듭니다. 국어 성적은 희한하게 성적의 기준이 있습니다. 공부해도 그 기준보다 성적이 확 오르지 않고 공부를 안 해도 그 기준보다 성적이 확 떨어지지 않습니다. 신기하게 항상 성적이 일정하게 유지됩니다. 이 기준이 되는 국어 실력을 올려야 비로소 국어 성적이 올라갑니다. 기준이 되는 국어 실력을 올리기 위한 제일 좋은 방법은 독서입니다.

중학교와 고등학교에서 수행 평가에도 서술형을 요구하는 경우가 많습니다. 주어진 주제로 생각을 펼쳐내는 능력도 필요하고 글을 읽고 핵심을 파악하고 알고 있는 개념을 구조화할 줄도 알아야 합니다. 이런 수행 평가에서 필요로 하는 능력을 키우기 위한 첫 번째 방법은 독서, 두 번째 방법은 글쓰기 연습입니다.

그런데 앞에서 이야기했듯 고등학생은 독서할 시간이 거의 없습니다. 늦어도 중학생 때까지 많은 양의 독서를 해야 합니다. 중학생이라면 200~300쪽가량의 책을 무리 없이 읽어야 합니다. 300쪽가량이라도 청소년을 대상으로 하는 책이 성인을 대상으로 하는 책보다 쉬운 편입니다.

흥미를 느낄 수 있는 책으로 시작하여 목적 독서로 옮겨가기

만일 독서를 하지 않았던 아이라면 더 얇고 재미있는 책으로 서서히 책의 글 밥을 늘립니다. 그래서 중학교 2학년 때에는 250쪽 정도의 책을 무리 없이 읽을 수 있도록 꾸준히 읽힙니다. 책의 종류는 따질 필요 없습니다. 줄글 책이면 됩니다. 재미있게 줄글 책을 읽도록 하는 것이 우선 목적입니다.

중1 때는 아이가 즐겁게 읽을 만한 책 위주로 읽어도 됩니다. 책을 어느 정도 읽는다 싶으면 다음 단계로 나가고, 그렇지 못하면 흥미를 위한 독서를 계속 하게 합니다.

2학년 1학기 때 흥미를 위한 독서를 마스터합니다. 200~300쪽가량의 책을 읽는 것이 힘들지 않으면 다음 단계로 넘어갑니다. 2학년 2학기부터는 학습에 목적을 둔 독서를 합니다.

학습 목표가 분명한 한국 단편 소설집 위주로 읽힙니다. 인터넷 서점에 '한국 단편 소설'이라고 검색해보세요. 여러 출판사의 책이 나옵니다. 그중 마음에 드는 출판사를 골라서 읽으면 됩니다. 단편 소설을 읽는 이유는 줄거리를 익히고 작가의 특징을 파악하기 위해서입니다. 되도록 많은 작품을 읽으면 좋습니다. 비문학 작품도 읽습니다. 서점에서 비문학 영역의 베스트셀러에 있는 것 중 중학생 수준인 것들로 고르세요. 일주일에 한 권은 읽게 해주세요. 한 달에 한국 단편 1권, 아이가 즐겁게 읽는 책 2권, 비문학 책 1권 정도는 읽게 해주세요.

3학년이 되면 고전 소설도 미리 읽어두면 좋습니다. 처음에는 읽는 것조차 힘들어할 수 있습니다. 미리 줄거리를 알고 있으면 고전 문학을 공부할 때 큰 힘이 됩니다. 고등학교에 들어가면 많은 양의 문학 작품이 쏟아집니다. 고등 국어 공부를 위한 독서의 힘을 기를 수 있는 마지막 시간은 중학교 2학년입니다.

중학교 2학년 때 독서를 마스터해야 중학교 3학년 때부터 고등학교 국어 공부를 준비할 수 있습니다. 국어 공부를 위한 독서! 중학교 2학년이 마지막 기회입니다.

바르게 글씨 쓰는
연습

. . .

초등학교 저학년도 아니고 중학생이 바르게 글씨 쓰는 연습이라니, 이상하게 느껴질 수 있습니다. 이미 한글도 다 알고 글을 쓸 줄 아는 아이들에게 바르게 글씨 쓰는 연습이라는 말은 우습게 들릴 것 같습니다. 하지만 단언하건대 예비 중학생의 학습 태도 중 가장 중요한 것 중 하나가 바로 바르게 글씨 쓰는 연습입니다(글쓰기 연습이 아니라 글씨 쓰기 연습입니다. 잘못 읽은 것이 아닙니다).

수행 평가의 팔 할은 글쓰기, 글씨가 중요해졌다

중학교에 입학하면 생각보다 글을 쓰는 일이 많습니다. 그에 비해서 아이들은 글씨를 쓰는 연습이 너무 부족한 상태로 중학교에 진학합니다.

중학교 수업은 활동 위주의 수업이 많습니다. 활동 결과는 글이나 그림 등을 통해 표현됩니다. 표현 결과가 수행 평가 결과입니다. 즉, 수행 평가 대부분은 글이나 그림 등으로 결과물을 내야 합니다. 지필 평가도 대부분이 서술형 문제입니다. 그래서 답을 쓸 때 문장으로 답을 써야 합니다. 여기서 문제가 발생합니다. 도저히 아이들이 쓴 글씨를 읽을 수가 없습니다. 아무리 천재는 악필이라지만 전교생이 천재는 아닐진대, 글씨를 알아보기 너무 힘듭니다.

요즘 아이들은 글씨를 많이 쓰지 않습니다. 어려서부터 핸드폰과 패드를 터치하거나 자판을 사용하는 경우가 더 많습니다. 최근에는 패드나 디지털 학습기기를 활용한 수업이 많습니다. 직접 글씨를 쓰는 것이 아니라 영상을 클릭하거나 손이나 패드용 펜으로 화면을 터치하며 수업을 듣습니다.

요즘 아이들은 연필이나 펜을 사용해 직접 종이에 글을 써본 시간이 절대적으로 부족합니다. 상당수의 아이들이 손힘이 부족합니다. 손에 힘이 없으니 지렁이가 기어가는 듯 흘려 쓰는 글씨가 많습니다.

수업 시간에 중요한 내용을 설명할 때 스스로 그 내용을 정리하면서 듣는 학생도 거의 없습니다. "필기하세요. 쓰세요. 밑줄 그으세요"라고 하지 않으면 가만히 멀뚱멀뚱 듣고만 있는 경우가 대부분입니다. 수업을 들으면서 알아서 필기하거나 중요한 부분에 줄을 그어가며 능동적으로 수업을 듣는 학생은 더 보기 드뭅니다. 대부분이 시키는 것만 할뿐 수업의 핵심을 찾지 못합니다. 게다가 글씨도 많이 쓰지 않으니 필기를 해도 글씨 쓰는 속도가 느리고 글씨가 엉망입니다.

▌바른 글씨가 평가를 결정한다

지필 평가나 수행 평가를 치고 나서 답지를 채점하는 일은 여간 힘든 일이 아닙니다. 암호를 해독하는 기분으로 학생들이 쓴 글을 더듬더듬 읽으며 문맥을 통해 글자를 알아내서 채점합니다. 채점하는 속도가 느려질 수밖에 없습니다.

도저히 알아보기 힘든 글자는 주변 선생님께 읽어봐 달라고 합니다. 그래도 알아보기 힘든 글자는 서술형 점수를 확인할 때 본인을 불러서 읽어보라고 합니다. 그런데 글을 쓴 아이 본인조차도 잘 읽지 못하는 경우가 꽤 있습니다.

물론 바르게 잘 쓰는 아이들도 있습니다. 그런데 바르고 반듯하게 글을 쓴 아이보다 흘려 쓰듯이 알아보지 못하게 글을 쓴 아이의 비율이 더 높습니다.

전에는 여학생들은 대부분 글씨가 깔끔하고 주로 남학생들의 글씨를 알아보기 힘들었습니다. 하지만 지금은 전반적으로 글씨가 많이 무너진 느낌입니다. 오랜 시간 글자를 쓰는 연습을 많이 하지 않다 보니 어쩔 수 없는 현상인 것 같습니다.

초등학생 때부터 꾸준하게 손에 힘을 주고 한 글자씩 바르고 깨끗하게 쓰는 연습을 해야 합니다. 글씨를 바르게 쓰는 연습은 중학교, 나아가 고등학교 때까지 분명 영향을 줍니다.

아이의 글씨가 흐트러지는 모습이 보이면 글씨 연습을 시켜주세요. 잘 쓰지 않아도 됩니다. 다른 사람이 알아보고 읽을 수 있을 정도면 됩니다. 조금 더 욕심내서 글씨를 잘 쓰면 더 좋습니다.

수행 평가나 지필 평가의 서술형 글을 읽을 때, 이름을 보면서 채점하지 않습니다. 하지만 반듯하게 잘 쓴 글은 읽으면서 호감이 갑니다. 나중에 점수를 입력하면서 이름을 보게 되면 그 아이에 대해 인상이 좋아집니다. 시험에서 그 사람의 인상은 반듯한 글씨로 결정됩니다. 아이가 글씨를 반듯하게 쓰지 않는다면 지금 당장 옆에서 지도해주세요.

중학교 성적에
일희일비하지 않기

• • •

고등학생이나 대학생 자녀를 둔 선배 맘들은 아이를 멀리 보고 키우라고 이야기합니다. 사실 아이가 초등학생일 때는 이런 말을 들어도 마음에 크게 와닿지 않습니다. 어쩌면 저도 아직 아이가 청소년이라 이런 말할 자격이 없을지도 모르겠습니다. 하지만 매년 수많은 중고등학생을 만나면서 느끼는 것이 있습니다.

아이가 아기였을 때를 생각해보세요. 그때 고민했던 것 중에서 지금 보면 '그렇게까지 할 필요가 없었구나' 싶은 것들이 꽤 있지 않나요? 아마 고등학교, 대학교를 보낸 부모님도 초등 자녀나 중학 자녀를 키우는 부모님을 보면 비슷하게 생각할 것 같습니다.

고등학교까지, 조금씩 성장하면 된다

고등학교 1학년이 되어서 모의고사를 치고 1차 지필 평가를 쳐봐야 진정한 내 아이의 위치를 가늠할 수 있습니다. 중학교 시험은 절대평가라 쉽게 내는 편입니다. 그래서 중학생들의 성적은 잘 나오는 편입니다. 그런데 고등학교 시험은 상대평가입니다. 쉽게만 낼 수 없습니다. 첫 시험에서 아이들은 인생 처음 받아보는 점수에 충격을 받습니다.

제가 담임을 맡았던 한 아이는 중학교 내내 전교 1등이었다고 합니다. 그런데 고등학교 1학년 첫 시험을 쳤는데 반에서 18등을 했습니다(12반까지였으니 전교 등수는 짐작되지요?). 그 아이의 망연자실하는 모습을 보고 참 안타까웠습니다. 그 뒤 피나는 노력으로 공부했지만 결국 졸업 때까지 반에서 7등 이상으로 올리지는 못했습니다.

고등학교 내신 1등급은 4%입니다. 2등급은 11%까지입니다. 그런데 중학교에서 A등급을 받는 아이들은 대략 20% 정도 됩니다. 이 아이들은 중학교 때는 공부를 잘하는 아이라고 인정받았습니다. 중학교 때 A등급이었다 해도 11% 이상의 등수를 받은 아이들은 고등학교 때 생각해본 적도 없는 등급을 받는 것입니다. 우리 반 아이도 중학교에서 전교 1등을 했던 아이였는데도 끝까지 1등급을 받지 못했습니다.

그런데 이 단계를 거쳐야 비로소 중학교 성적에 연연하지 말고 멀리 보고 공부하라는 말을 이해할 수 있습니다. 공부할 때 자기 주도적 학습이 중요하다는 말의 뜻도 알 수 있습니다. 중학교 때는 성실하게 공부하면 상위권의 성적을 받을 수 있습니다.

얼마전 졸업생이 방학했다고 모교에 방문해서 저희에게 중학교 때랑 시험 레벨이 다르다고 이야기하더군요. 문제 스타일도 다르고 단순히 중학교 때처럼 공부해서는 절대 좋은 성적을 받을 수 없다고. 그래서 나도 고등학교에 있을 땐 그렇게 냈다면서 중학교라서 시험 문제를 이렇게 낼 수밖에 없다고 대답한 적이 있습니다.

중학교 성적으로 아이의 우수함을 파악할 수 없습니다. 중학교 성적에 너무 집착하지 마세요. 물론 중학교 성적이 의미 없는 것은 아닙니다. 중학교 생활에서 익히는 성실함이 고등학교 생활의 성실함의 바탕이 되니까요.

그렇다면 어떻게 해야 아이가 공부할 때 멀리 바라볼 수 있을까요? 10억이나 20억을 모은다고 가정해봅시다. 큰 금액을 단기간에 모으기도 힘듭니다. 장기간 조금씩 저축해야 합니다.

공부도 마찬가지입니다. 아이는 살면서 계속 발전하고 성장합니다. 긴 기간 아이가 조금씩 성장하도록 기다리고 지켜봐주세요. '조금씩'이 '오랫동안' 쌓이면 거대해집니다. 중학생들을 관찰하면 3학년이 확실히 1학년보다 훨씬 의젓합니다. 1학년과 3학년은 아예 다른 사람이 된 것 같은 느낌입니다. 3년의 세월은 결코 짧은 시간이 아닙니다.

중학교 성적에 일희일비하지 마세요. 지금 조금 못해도 아이는 분명 점점 나아집니다. 아이가 조금씩 발전하는 것을 칭찬해주세요(결과에 대한 칭찬이 아니라 과정에 대한 칭찬이어야 합니다. "100점을 받았구나. 잘했어. 대단해"가 아니라 "지난번에 이 부분을 잘 모르더니 이번에 이 부분이 맞았구나. 공부하느라 고생 많았어"라고 칭찬해야 합니다).

▎중요한 것은 부모와 아이의 관계

사춘기 아이에게 성적보다 중요한 것은 부모와의 관계입니다. 중학교 때 성적에 우선순위를 두면 아이와 절대 좋은 관계를 유지할 수 없습니다. 아이와의 좋은 관계가 성적보다 더 중요합니다. 관찰 결과, 부모님과의 관계가 좋은 아이들이 태도도 밝고 긍정적이고 적극적인 경우가 많았습니다. 누구나 잘하는 것이 한 가지 이상 있고, 잘하는 것이 공부인 아이도 있고 공부가 아닌 아이도 있습니다. 아이가 잘하는 것을 찾아서 키워주세요. 그것으로 아이를 학습으로 끌어주세요.

▎ 공부 터를 닦고 독서에 힘쓰면 된다

초·중학교 때는 성적보다 더 중요한 것이 있습니다. 공부 터를 닦는 것입니다. 아이의 공부 열매가 고등학교에 가서 열리도록 해주어야 합니다. 중학교 때까지 아이가 좋아하는 영역을 중심으로 독서나 다양한 활동을 하게 해주세요. 그 관심이 확장되도록 길도 터줍니다.

상대적으로 시간이 많은 초등학생 때 문제집만 많이 풀리거나 공부에 너무 집착하기보다 독서 습관을 지니게 하세요. 공부하고 나서 책을 읽으라고 하지 마세요. 일을 하고 쉬는 시간에 책을 읽으라고 하면 어른도 집중하기 힘듭니다.

독서는 남은 시간에 하는 것이 아닙니다. 독서 시간을 따로 마련해야 합니다. 독서가 생활화되고 자연스러워야 합니다. 초등학생 때는 독서가 우선 되어야 하지만 중학교 때 독서와 공부가 균형을 이루어야 합니다. 그래야 독서가 바탕이 되고 그 바탕으로 공부도 합니다.

자기 주도적 학습력
키우기

• • •

많은 부모님이 유치원이나 어린이집에 보내다가 초등학교에 보내면 불친절함에 놀란다고 합니다. 그런데 중학교에 갈 때 불친절함에 또 놀란다고 합니다. 생각해보면 유치원이나 어린이집에 다니는 아이들은 스스로 할 수 있는 것이 많지 않습니다. 초등학생은 스스로 할 수 있는 것도 늘어나고 스스로 해야 하는 것도 늘어납니다. 중학생이 되면 초등학교 때보다 더 많아집니다. 선생님들이 챙겨줘야 하는 부분이 줄어듭니다. 그리고 당연히 이 정도 나이대에는 이 정도는 해야 한다는 기준이 있습니다.

선생님들은 해마다 겪는 일상이라 늘 비슷하게 대하지만 부모님 입장에서는 갑자기 기준이 달라지니 불친절하게 느낄 수 있을 것 같습니다. 하지만 겪어보면 그리 불친절하지만은 않으니 너무 걱정하지 않아도 됩니다.

▌조금씩 꾸준히 시작하자

아이가 학년이 올라갈수록 스스로 할 수 있다고 기대하는 것들이 많아집니다. 당연히 스스로 해야 하는 것들도 많아집니다. 그 일들을 할 수 있도록 조금씩 부모가 손에서 놓고 지켜보는 것이 자기 주도적 학습력을 키우는 첫걸음이 아닐까 생각합니다. 중학생이 되면 사춘기가 시작되어서 잔소리해도 잘 듣지 않습니다. 아이가 조금이라도 말을 듣는 초등학생부터 자기 주도적으로 공부할 수 있도록 시도해야 합니다.

학습도 마찬가지입니다. 초등 저학년 때는 학습량도 상대적으로 적고, 학습에 대한 부담도 적습니다. 하지만 초등 고학년이 되면 초등 저학년 때보다 학습량도 늘어나고 학습에 대한 부담도 늘어납니다. 중학교는 더하겠지요. 본인의 의지 없이 누군가가(주로 엄마가) 시켜서 하는 학습은 힘이 떨어집니다. 해야 할 게 많은데 하나하나 시켜가면서 공부하기는 너무나 비효율적입니다. 이때 필요한 것이 자기 주도력입니다. 스스로 힘을 내서 해야 하는 겁니다.

▌ 즐기는 사람을 이길 수 없다

공자께서 "知之者 不如好之者, 好之者 不如樂之者(아는 자는 좋아하는 자만 못 하고, 좋아하는 자는 즐기는 자만 못 하다)"라고 했습니다. 즐기는 사람을 이길 수는 없습니다.

많은 양을 공부하기 위해서는 마음에서 우러나야 합니다. 마음에서 우러나려면 그것이 재미있고 즐거워야 합니다. 이 즐거움은 갑자기 생기지 않습니다. 첫 시작은 누군가 이끌어야 합니다. 다음으로 아이가 재미를 느낄 수 있도록 도와주어야 합니다. 그 이후 꾸준하게 노력해서 그것을 잘하면 스스로 재미있게 할 수 있습니다.

공부도 마찬가지입니다. 처음에는 아이가 공부할 수 있게 바탕을 만들어주고 꾸준하게 할 수 있도록 도와줍니다. 재미있어야 공부 주도권이 아이에게 넘어갑니다.

처음에는 엄마가 수학은 어디까지, 국어는 어디까지, 영어는 어디까지 공부하라고 양을 정하고 옆에서 꾸준히 지켜봐야 합니다. 공부할 때는 시간보다 분량으로 정합니다. 아이가 부담스러워하지 않을 정도의 분량이면 됩니다. 1년 이상 반복하면 습관이 됩니다.

공부가 습관이 된 아이는 엄마가 잔소리하지 않아도 주어진 범위만큼 공부합니다. 물론 검사는 꾸준히 해야 합니다. 혼자서 완전히 공부할 수 있을 때까지 지켜보면서 서서히 아이가 스스로 한 과목씩 공부할 양을 계획하고 그것을 실행하게 합니다. 이것을 노트에 쓰면 스터디 플래너가 됩니다. 스터디 플래너 공책을 사주면 훨씬 쉽게 계획을 짜고 실행하겠지요.

스터디 플래너 활용

스터디 플래너는 시중에 판매되는 것 중 마음에 드는 것으로 고르면 됩니다. 반 아이들의 스터디 플래너를 검사하다 보니 스터디 플래너 없이 작은 수첩에 자기가 공부할 양을 쓰고 체크하는 아이도 있더군요. 공부를 계획하고 체크만 할 수 있다면 무엇이든 상관없습니다. 스터디 플래너에 대해서는 'Chapter 6. 중학교 학생 가이드 - 시간 관리하기'에서 좀 더 자세히 안내하였습니다. 참고하시기 바랍니다.

스스로 끊임없이 확인하기

자기 주도적 학습력이 중학교 1학년 때 완벽하리라 기대하면 안 됩니다. 끊임없이 옆에서 체크해야 합니다. 초등 저학년 때는 엄마가 옆에서 모든 걸 주도해서 훈련하고, 초등 고학년부터 제대로 잘하고 있는지 확인하고 격려하고 용기를 북돋아 주는 코치가 되어야 합니다. 중학교 1학년이 되었다고 손을 떼면 안 됩니다. 꾸준히 옆에서 코치 역할을 해 주어야 합니다.

아이가 자기 주도적 학습력을 아직 기르지 못했다고 속상해하거나 안타까워하지 마세요. 자기주도학습을 잘 해내는 중학교 1학년 아이는 거의 없으니까요. 중학교 2학년도 완벽하게 자습을 하는 아이는 많지 않습니다. 그런 아이는 전교에서 몇 명 되지 않습니다.

자전거를 처음 탈 때 타는 방법을 알려준 후 뒤에서 잡아주어야 넘어지지 않고 탈 수 있습니다. 멈추기도 하고 넘어지기도 하겠지만 계속 연습하다 보면 뒤에 잡은 손을 놓아도 혼자 자전거를 탈 수 있습니다. 물론 그사이 무수히 넘어집니다.

자기 주도적 학습도 마찬가지입니다. 중학교 1학년이나 2학년 1학기에 자기 주도적 학습이 되면 좋겠지만 중학교 2학년 2학기 완성을 목표로 삼고 천천히 자전거를 잡고 있던 손을 놓아주세요. 어느 순간 스스로 학습이라는 자전거를 능숙하게 잘 탈 수 있을 것입니다.

인터넷강의 듣기

• • •

중학생이 되면 집에서 혼자서 공부하기에는 과목도 많고 부족한 부분
도 생깁니다. 그래서 학원을 보내게 됩니다. 아이 스스로 자기 주도적
학습력을 기르게 하거나 학원에 왔다 갔다 하는 시간을 단축하기 위해
인터넷강의를 듣기도 합니다. 인터넷강의를 줄여서 인강이라고 하는
데, 학원과 인강을 비슷한 태도로 들을 수 있다면 시간이나 비용 면에서
인강이 훨씬 효과적입니다.

▍EBS 활용하기

인강이 무엇인지, 인강으로 어떻게 공부해야 할지 잘 모르겠는데 인강을 들어보고 싶다면 우선 EBS 중학 사이트를 이용해보세요. EBS 중학 사이트에 들어가면 과목별로 예비 중학 과정, 중학 과정에 관련한 좋은 강의가 많습니다. EBS 중학 사이트에 있는 강의는 프리미엄 강좌를 제외하고 무료로 활용할 수 있습니다. 가르치는 선생님들도 현직 선생님들이라 학교에서 배우는 느낌으로 인강을 들을 수 있습니다.

무료이기 때문에 여러 강의를 들어보고 그중에서 마음에 드는 것을 선택하면 됩니다. EBS를 활용해서 인강을 듣다가 더 필요하다 싶을 때 다른 인강 사이트를 찾아보거나 EBS 프리미엄 강좌를 신청해서 들으면 됩니다.

EBS에서는 학생들을 위해서 다양한 사이트를 운영합니다.

* 초등학생을 위한 EBS 초등 사이트 primary.ebs.co.kr

* 중학생을 위한 EBS 중학 사이트 mid.ebs.co.kr

* 고등학생을 위한 EBSi 사이트 www.ebsi.co.kr

* 초·중학생 영어를 위한 EBSe 사이트 www.ebse.co.kr

* 초중고 학생 수학을 위한 EBS math 사이트 www.ebsmath.co.kr

이밖에 초중고 학생들을 위한 다양한 사이트가 있습니다. 각각의 사이트마다 다양한 강의가 있으니 그 중 마음에 드는 강의를 찾아서 들으면 됩니다. 이 사이트의 강의를 잘 활용한다면 아이의 자기 주도적 학습력을 기르는 데 도움이 될 것입니다.

그런데 막상 인강을 들으라고 하면 아이들이 아직 어려서 그런지 많은 아이가 어느 강의가 자신에게 맞는지 잘 모릅니다. 대부분의 인강이 맛보기 강의가 가능합니다. 미리 맛보기 강의를 듣고 내 아이가 잘 들을 것 같은 인강을 선택해서 아이에게 제공해주세요. 만일 맛보기 인강을 들었는데 마음에 드는 인강이 여러 개라면 아이에게 보여주고 선택하게 합니다. 선택지가 많으면 아이 입장에서 선택하기 힘들 수 있으므로 2~3개 정도로 줄여 선택하게 하세요.

▌ 나에게 맞는 유료 사이트 인강 선택하기

제가 EBS 인강만 안내했지만, 인강을 검색해보면 아마 많은 사이트를 찾을 수 있을 것입니다. EBS 인강은 무료지만 다른 인강은 유료입니다. 과목별로 또는 모든 과목을 듣고 싶다면 얼마의 금액을 내면 됩니다.

유료 인강들도 맛보기 강의가 있으니 미리 들어보고 판단하세요. 맛보기를 봐도 어떤 강의가 좋은지 잘 모를 때나 아이가 강의를 고르지 못하면 인터넷에 검색해보세요. 과목별로 국어는 누구, 수학은 누구, 영어는 누구 하는 일타강사(일등스타강사라는 뜻으로 인터넷 강의를 열면 일등으로 마감이 되거나 매출이 일등인 강사들입니다. 그 유료 인강 사이트의 간판 강사들이죠)가 있습니다. 필요한 과목별로 일타강사의 강의를 들으면 실패 가능성이 작습니다.

▎인강 듣기 전 예습 필수

인강을 보기 전에는 반드시 미리 혼자서 공부를 해두어야 합니다. 내가 어렴풋이 알고 있는 내용을 확인하고 이해하며 인강을 들어야 합니다. 그래야 제대로 듣고 이해할 수 있습니다.

인강의 가장 큰 장점은 내가 필요한 부분을 집중적으로 반복해서 들을 수 있고 필요 없는 부분은 빠르게 넘길 수 있다는 점입니다. 그런데 처음부터 들으면 다 듣고 나서 다시 내 것으로 만들기 위해서 공부해야 합니다. 인강은 대면 수업에서처럼 피드백이 없습니다. 그래서 인강을 처음부터 모두 다 듣고 있으면 지겨울 수밖에 없습니다. 처음에는 스스로 공부하고 이해가 잘 안 되거나 애매한 부분에 표시해 놓고 그 부분을 중심으로 인강을 듣게 합니다.

인강을 들을 때는 1.2배속에서 1.5배속을 추천합니다. 이해가 안 되는 부분은 반복하거나 원래 속도로 듣습니다. 그러면 시간도 단축되고 모르는 부분도 이해하기 쉽습니다.

▎인강의 기본은 결국 자기주도학습

인강을 듣는 것은 쉬운 일이 아닙니다. 대면 강의에서는 선생님이 강의 중에 학생의 반응을 보고 피드백이 가능하지만, 인강은 피드백이 불가능합니다. 학생 스스로 인강을 듣고 모르는 부분을 반복하고, 끊임없이 자신의 학습 상태를 체크해야 합니다.

인강을 듣기 위해서 자기 주도적 학습력이 마련되어 있어야 합니다. 주도적으로 공부하는 아이가 아니라면 인강을 듣는 것이 쉽지 않습니다. 학교 온라인 수업을 생각해보세요. 수업에 집중하지 않고, 게임이나 다른 인터넷 사이트를 보는 등 딴짓을 하는 아이들이 꽤 있습니다. 등교 수업 때 온라인으로 한 내용을 다시 확인할 수 있는 학교 수업은 그나마 나은 편입니다. 그런데 직접 대면할 일이 없는 인강 강사의 강의를 규칙적으로 집중해서 듣는 것은 웬만한 의지와 집중력이 아니면 힘든 일입니다.

초등학교 때부터 자기 주도적 학습의 바탕을 마련해서 중학생이 되면 자기 주도적 학습을 할 수 있도록 해주어야 인강을 듣는 것이 도움이 됩니다. 그것이 힘들 것 같다면 인강보다 학원에 가거나 과외 등 직접 들을 수 있는 현장 강의를 추천합니다.

중학생
필수 전략 사이트

. . .

▎학교생활기록부 종합지원 포털 star.moe.go.kr

이 사이트에 들어가면 생활기록부에 대한 모든 것을 볼 수 있습니다. 학생평가지원 포털과 학교생활기록부 종합지원 포털로 나누어집니다. 학생평가지원 포털은 학교급과 학년에 따른 성취 기준과 관련 자료, 그에 따른 수행 평가 과제명, 평가 유형 등 다양한 학생 평가에 관련된 것을 볼 수 있어 주로 교사들이 참고하는 사이트입니다.

　학교생활기록부 종합지원 포털은 학교생활기록부 전반에 대한 설명, 연도별 학교생활기록부 기재 요령, 관련 자료 등 전반적인 내용에 대해 살펴볼 수 있습니다. 일단 학교생활기록부에 대해서 전반적으로 알아

뭐야 학교생활을 준비할 수 있어서 미리 훑어보면 도움이 됩니다.

▌ 나이스 대국민서비스 www.neis.go.kr

학생서비스, 학부모서비스 등이 있습니다. 학생서비스는 학생이 현재 재학 중인 학교생활 열람, 생활 정보 조회 및 열람 서비스를 제공합니다. 학부모서비스는 현재 재학 중인 자녀의 학교생활 정보 조회 및 열람 서비스입니다. 보통 학기 초에 학교생활기록부를 보려면 이곳에서 신청합니다.

　나이스 서비스는 초등학생부터 가능하지만, 중학생 때부터 더 유용할 것 같습니다. 중학교 학교생활기록부는 대입에 영향을 주지는 않습니다. 그러나 중학교 때부터 학교생활기록부를 살펴보면 학교생활기록부를 보는 방법을 알게 되어 고등학교 학교생활기록부도 이해하기 쉬울 것입니다.

　해당 교육청을 선택하여 자녀를 등록하면 학부모서비스를 받을 수 있습니다. 이때, 담임선생님의 승인이 필요하므로 며칠이 소요될 수 있습니다.

▌학교알리미 www.schoolinfo.go.kr

학교의 여러 객관적인 자료에 대해서 살펴볼 수 있습니다. 초·중등학교의 정보 공시제를 기본으로 하여 학생·교원현황·시설·학교 폭력 발생 현황·위생·교육 여건·재정 상황·급식상황·학업성취 등과 같은 학교의 주요 정보들을 확인할 수 있습니다. 학교 알리미의 고입 정보 등은 참고는 하되 크게 의미 두지는 마세요.

▌고입정보포털 www.hischool.go.kr

고등학교의 여러 정보에 대해 알아볼 수 있는 사이트입니다. 고등학교

유형, 학교 정보 조회 등 고등학교에 대한 다양한 정보를 알 수 있습니다. 고등학교 종류와 입시에 대한 기본적인 정보를 알아두면 좋습니다. 하위 영역 자신의 해당 교육청을 클릭하여 살펴보면서 중학교 생활을 어떻게 해야 할지 로드맵을 짜보세요.

▌ 1365 자원봉사포털 www.1365.go.kr

입시에서 봉사영역 적용이 축소되는 등 해마다 약간의 변화가 있으므로 이 부분은 아이가 입학했을 때 꼭 재확인이 필요합니다. 앞으로 외부

봉사는 기재하지 않고 학교 주관의 봉사 활동만 기재된다고 합니다. 그래도 아직은 봉사 활동이 필요한 경우도 있습니다. 여러 개의 봉사 사이트 중 아이들이 제일 많이 활용하는 것이 1365 사이트입니다.

'봉사 참여>개인 봉사>시간 인증 봉사'의 순으로 들어가서 원하는 봉사를 신청하면 됩니다. 이 사이트에서 신청하면 NEIS와 연계되어 따로 봉사 활동 관련 서류를 제출하지 않아도 됩니다. 봉사 활동 이후 반드시 NEIS로 전송해야 학교생활기록부에 반영됩니다.

▌독서교육종합지원시스템 reading.ssem.or.kr

이 주소는 서울의 주소입니다. 독서교육종합지원시스템은 지역마다 다

르기 때문에 '자신이 사는 시도+독서교육종합지원시스템'으로 검색하면 됩니다.

학교마다 독서교육종합시스템을 활용하는 학교도 있고, 활용하지 않는 학교도 있습니다. 독서교육종합지원시스템에 기록해두면 따로 자료를 모아두지 않아도 됩니다.

DLS 번호를 알아야 가입할 수 있습니다. 회원 가입을 할 때는 DLS 번호와 별도로 아이디와 비밀번호가 필요합니다. 만일 독후감을 쓸 때 독서교육종합지원시스템에 쓴다면 필요할 때마다 출력하거나 독후감이 누적 기록되어 편리합니다.

▋에듀넷 티 – 클리어 www.edunet.net

교사들을 위한 자료가 많기는 하지만 자유학기제 및 다양한 학교 교육 전반에 대해 살펴보기 좋습니다. 찾아보면 의외로 학부모님들에게 유용한 자료가 많습니다. 읽어볼 거리가 꽤 있으니 시간 여유가 있을 때 천천히 둘러보세요.

▋진로진학정보센터 www.jinhak.or.kr

이 주소는 서울의 주소입니다. 지역마다 진로진학정보센터가 있습니다. 중등의 직업과 전공학과에 대한 탐색이 가능합니다. 카테고리를 살

퍼보면 진로 정보, 진로 검사, 대학 진학 정보, 고교 진학 정보 등 정보가 많습니다. 대입을 대비하기 위해 찾아보면 도움이 될 겁니다.

교육부 블로그

https://blog.naver.com/moeblog
https://if-blog.tistory.com

교육부에서 발표하는 교육 소식들이 블로그에 카드 뉴스 형식으로 게시됩니다. 카드 뉴스 형식이라서 교육의 전반적인 흐름에 대해 앞에서 안내한 사이트들보다 보기 편리합니다.

코로나19로 등교가 불안할 때, 학생들 등교에 관한 사항들이 학교로

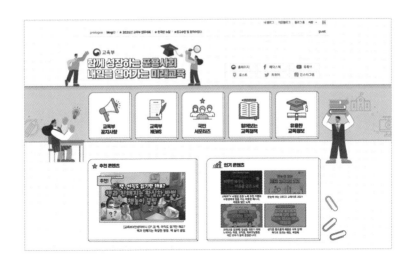

공문이 내려오기 전에 뉴스나 교육부의 블로그에 더 빠르게 게시되어서 많은 선생님도 교육부 블로그를 활용하기도 했습니다. 교육부 블로그라 교육 전체의 흐름을 읽기 좋습니다.

이 외에도 아이들의 학교생활과 진로에 필요한 사이트가 많이 있습니다. 이 정도의 사이트만 살펴봐도 아이들의 진로에 대해 윤곽은 잡히리라 생각합니다. 소개한 사이트들을 아이의 학교생활 로드맵을 위해 살펴보면 됩니다. 아이와 함께 아이의 공부의 길을 마련하는 마음으로 제시한 사이트들을 살펴보세요.

내가 하고 싶은 것, 내가 무엇을 해야 할지를 생각해보세요. 그리고 가능하면 그것들을 꼭 찾으면 좋겠어요. 자유학년제 때 그것만 해도 충분히 성공이라고 생각해요. - 민주

자유학년제니 진로 탐색에 조금 더 노력하면 좋겠어요. 자유학년제 때 하는 많은 활동들을 그냥 허투루 하지 말고 이 일들에서 내가 앞으로 어떤 일을 할 것인지 생각하면서 활동하고 노력하면 분명 의미가 있을 것 같아요. 2학년 공부를 예습하며 준비해두면 좋아요. 학교에서 수업하는 내용을 따라가기 쉽지 않거든요. 꾸준히 공부하고 준비하면 분명히 좋은 결과를 얻을 수 있을 거예요. - 용하

기본적인 공부는 해두고 자신의 꿈을 찾는 것에 집중하면 좋을 것 같아요. 그리고 꿈을 찾는다면 그 꿈을 이루기 위해 준비해야 할 것도 찾아보고 지금부터 실천할 수 있는 일들을 시작하면 좋을 것 같아요. - 은서

우선 신나게 보내세요. 다음 학년부터 시험이 있어서 놀지 못하거든요. 미리 좀 놀아둬야 2학년 때 좀 못 놀아도 후회를 덜 하는 것 같아요. 그때는 왜 그런 생각을 못 했는지 모르겠어요. 물론 그렇다고 너무 놀기만 하면 절대 안 돼요. 부족한 과목을 보충하고 예습보다 복습 위주로 공부해야 해요. 과목별 균형을 맞춰서 공부하는 것이 제일 중요합니다. - 은비

자유학년제는 시험을 안 쳐서 사실 마음이 해이해지기 쉬워요. 시험을 안 치더라도 공부는 해야 합니다. 특히 수학과 영어는 진짜 중요해요. 그리고 1학년 2학기부터 2학년 공부를 조금씩 준비하세요. 2학년이 되면 공부하는 게 매우 어려우니까 열심히 공부해야 해요. 특히 역사는 외울 것들이 너무 많아 다 외우기가 쉽지 않아요. 그래서 미리미리 역사책을 보는 것이 좋을 것 같아요. - 상원

시험 안 친다고 공부 안 하면 안 돼요. 예습은 진짜 중요하니 꼭 하고, 친구들 잘 사귀세요. 이상한 애들한테 잡혀 살지 말고(경험담) 내가 생각하기에 좋은 친구들과 사귀세요. 그리고 중 1은 아직 연애할 때가 아니니 연애 같은 건 하지 말고 그냥 친구들과 재미있게 노세요. 공부할 때 예습 잘하고, 친구 잘 사귀고, 책은 무조건 많이 읽어야 해요.
절대 핸드폰만 보면서 놀지 마세요. 그리고 SNS를 줄여요. SNS를 줄이면 인

생이 달라져요. 특히 페이스북에 너무 연연하지 마세요. 나중에 진짜 후회해요. - 보영

....

 시험을 안 친다고 널브러져 있는 게 아니라 중 2를 대비해 공부도
해야 의미가 있을 것 같아요. 그리고 책을 많이 읽고 부모님과 대화
하며 진로나 시험에 관한 고민을 해결해도 좋을 것 같아요. 또, 올바른 습관을
미리 길러야 해요. 예를 들어 일찍 자고 일찍 일어나거나 매일 영어 2장, 수학
2장을 푸는 등 다양한 습관을 기르는 거죠. 그리고 중2 때 무엇을 어떻게 할
것인지 구체적으로 계획을 세워야 해요. - 지선

중학교
과목별 공부법

중학교 공부를 위한
방법

· · ·

중학교 공부의 가장 큰 목적은 공부 습관을 잡는 것입니다. 예습하기, 공부할 때 집중하고 필기 꼼꼼히 하기, 복습하기 등 과목마다 공부의 기본 원리는 같지만 과목의 특성에 따라 공부 방법은 조금씩 다릅니다. 자신에게 맞는 방법을 찾아야 합니다.

수업 듣기 전 예습,
수업 들은 후 질문하는 습관 갖기

공부는 양으로 승부를 볼 것이 아니라 효율적으로 해야 합니다. 강의식 수업이 좋지 않다고 말하는 경우가 많은데 제 생각은 조금 다릅니다. 혼자서 공부하는 것보다 선생님의 수업을 들으면 선생님의 수업속도에 따라 공부하기 때문에 짧은 시간에 많은 양을 공부할 수 있습니다. 또 혼자 공부할 때는 책 등의 시각 자료만을 보면서 공부하지만, 선생님의 수업을 들으면 선생님이 제공하는 시청각 자료를 보면서 설명을 듣게 됩니다. 수업을 들으며 공부하는 것이 혼자 공부하는 것보다 학습 속도가 훨씬 빠릅니다.

오늘 무엇을 공부할지 모르면서 수업을 들으면 학습 내용을 이해하기 힘듭니다. 학습 내용을 이해하며 따라가기 위해서는 수업 전에 먼저 예습해야 합니다. 예습할 때는 긴 시간을 투자하거나 완벽할 필요는 없습니다. 수업 시간 선생님의 말씀을 따라갈 수 있을 정도면 됩니다. 수업 전에 간단하게 교과서를 읽거나, 관련 인강을 들어두면 충분합니다.

학교에서 수업을 들을 때는 집중해서 듣고 수업 내용 중 이해가 되지 않는 부분은 수업 시간 이후 쉬는 시간에 선생님께 질문합니다. 매시간 학습 내용을 제대로 이해하고 넘어가는 것이 중요합니다.

나에게 맞는 공부 방법을 찾는 연습

중학생 때는 자신에게 맞는 공부 방법을 찾고 연습하는 시기입니다. 고등학교마다 상황이 달라(평준화인 지역도 있고 비평준화인 지역도 있어서) 완전히 일반화시킬 수는 없습니다만 대체로 중학교 성적을 너무 중요하게 생각할 필요는 없습니다.

특목고에 진학하려면 중학생 때 성적이 A(특히, 수학, 과학)가 나와야 합니다. 하지만 특목고 진학이 목적이 아니라면 성적 자체에 연연하기보다 나에게 맞는 공부 방법을 찾는 것이 더 중요합니다.

실패는 성공의 어머니라는 말이 있듯이 실패를 통해서 나만의 공부 방법을 만들 수 있습니다. 단번에 내게 맞는 공부법을 찾을 수는 없습니다. 다양한 공부 방법을 찾아보고 그것을 실제로 실행하는 과정에서 나만의 공부 방법과 요령을 찾습니다.

다음은 과목별 선생님들이 이야기하는 공부법입니다(각 과목 선생님들께 여쭤보았습니다). 참고해서 자신에게 맞는 공부법을 찾아보면 좋겠습니다. 각 과목의 성격과 목표는 중학교 교육과정을 참고하였습니다.

국어 공부법

· · ·

국어가 우리말이라고 우습게 보면 큰코다칩니다. 독서와 함께 꾸준히
국어 공부를 해야 합니다.

▍국어 과목의 성격과 목표

국어는 듣기·말하기, 읽기, 쓰기, 문법, 문학의 다섯 영역으로 이루어져
있습니다. 이 다섯 영역을 공부함으로써 국어를 정확하고 효과적으로
사용하는 데 필요한 능력을 기르고, 국어 발전과 국어문화 창달에 이바
지하며 바람직한 인성과 공동체 의식을 함양하는 것에 중학교 국어의

목적이 있습니다.

국어는 다른 과목의 학습 및 비교과 활동과 범교과적으로 연계됩니다. 그래서 다양한 글이나 작품을 듣고, 말하고, 읽고, 쓰는 활동을 통해 미래 사회가 요구하는 융합형 인재를 기를 수도 있습니다.

중학교 국어 학습의 목적은 국어로 이루어지는 이해·표현 활동 및 문법과 문학의 본질을 이해하고, 의사소통이 이루어지는 맥락의 다양한 요소를 고려하여 품위 있고 개성 있는 국어를 사용하며, 국어문화를 향유하면서 국어의 발전과 국어문화 창조에 이바지하는 능력과 태도를 기르는 것입니다.

명확한 답이 없기에 더욱 공부하기 어려운 과목, 국어

국어 과목은 지필 평가를 치고 나서 채점하는 데 시간이 가장 많이 걸리는 과목입니다. 대부분 국어를 모국어로 사용하기 때문에 글의 내용을 읽고 이해할 수 있습니다. 그 이해한 내용을 바탕으로 자기 나름의 답을 씁니다. 아예 모르면 손을 댈 수 없는 영어나 수학 과목과는 다르지요.

그러다 보니 채점 기준에 따라 채점을 하다 보면 정답과 오답의 경계를 모호하게 넘나드는 학생들의 답이 나옵니다. 이런 애매한 답이 나올 때마다 국어 선생님들끼리 이 답을 정답으로 처리할 것인지 말 것인지 의논합니다. 그리고 정답으로 인정할 만한 답이 나오면 그것을 정답의 허용 기준에 넣습니다. 애매한 답이 나올 때마다 전체 반의 서술형 답을 다시 다 확인해야 합니다. 그러다 보니 전체 학생의 답을 몇 번이고 다시 읽고 확인해야 합니다. 채점 시간도 오래 걸리고 채점하기도 힘든 과목이 국어입니다.

국어는 선생님 입장에서만 힘든 과목일까요? 학생 입장에서도 마찬가지일 것입니다. 정확하게 딱 답이 떨어지거나 핵심어가 명확하게 드러나는 다른 과목과 달리 국어는 이래도 답이 되고, 저래도 답이 되는 것같이 느껴지는 경우가 많습니다. 그나마 문법의 경우 정확한 정답이 존재하는 편이라 용어가 어렵고 공부하기는 힘들어도 공부하면 성취감을 느낄 수 있습니다.

하지만 국어의 다른 영역은 이렇게 해도 될 것 같고, 저렇게 해도 될 것 같은 답이 많습니다. 당연히 시험문제를 풀 때 답을 쓰기 애매한 경우가 많지요. 그래서 아이들도 국어는 어떻게 공부해야 할지 잘 모르겠고 국어 과목을 공부하는 것이 오히려 더 힘들다고 하는 경우가 많습니다. 뭐라고 답은 써놓지만, 정답이 아닌 경우가 더 많습니다.

▎국어에서 필요한 능력, 간주관성

국어 선생님들끼리 시험문제를 의논하면 비슷하게 정답을 이야기합니다. 신기하지요?

국어를 공부할 때 간주관성(間主觀性)이 필요합니다. 간주관성이란 '많은 주관성 사이에서 공통적인 것이 인정되는 성질'입니다. 간주관성을 익혀야 국어 공부를 제대로 할 수 있습니다. 작가의 의도도 중요하지만, 그것을 많은 사람이 어떻게 해석하고 이해하는가가 국어 공부에서 중요합니다. 국어 선생님들은 여러 문학 작품을 읽거나 국어 문제를 풀더라도 비슷하게 작품을 해석하거나 국어 문제를 풉니다. 그 해석하는 방법과 문제를 푸는 방법을 익히는 것이 간주관성을 익히는 과정입니다. 국어를 제대로 공부하기 위해서는 간주관성이 있어야 합니다.

십여 년간 중학생들을 관찰한 결과, 국어에서 필요한 간주관성을 가진 중학생은 거의 없습니다. 그래서 중학교 국어 공부는 처음부터 스스로 할 수 없습니다. 독서는 독서대로 하면서, 국어 수업을 들으면서 선생님의 간주관성을 배워야 합니다. 국어 선생님이 작품을 해석하고 글을 읽는 사고 과정을 어설프게나마 따라 하는 것이 간주관성을 연습하는 방법입니다.

꾸준한 독서만이 답이다

간주관성을 갖기 위한 정답은 하나입니다. 바로 독서입니다. 꾸준한 독서를 통해서 긴 글을 읽는 연습을 하고 그 연습을 통해 국어 능력을 향상할 수 있습니다. 독서 능력이 바탕이 된 다음에 국어 공부를 해야 제일 좋습니다.

중학생은 독서를 시작하기에 늦은 감이 있습니다. 그렇다고 독서를 포기할 수 없습니다. 중학교 1학년 때는 중학교 1학년 때는 자유학기제가 있어서 독서 시간을 마련할 수 있습니다. 독서를 한 뒤에 독서 기록장을 쓰면 학교생활기록부에 기록도 하고 다독상(다독상이 있는 학교의 경우)도 받을 수 있습니다. 독서를 많이 하면 1석 3조입니다. 독서로 국어의 뿌리를 튼튼하게 다져 놓고 국어 공부를 하면 공부 속도가 훨씬 빨라집니다.

수업 열심히 듣고 꼼꼼히 필기하기

국어 공부를 잘하기 위해서는 수업을 열심히 들으면서 중요한 내용도 빠짐없이 필기하고, 나눠주는 학습지도 꼼꼼하게 봐야 합니다. 선생님들이 나눠주는 학습지는 교과서에 더해서 선생님만의 수업 흐름을 만들기 위한 것이기 때문에 중요합니다. 결국 시험 문제를 내는 사람은 그

학습지를 만든 선생님이거든요.

국어 자습서까지 보게 되면 공부할 양이 많아져서 저는 자습서는 추천하지 않습니다(이미 자습서가 있으면 자습서를 봐도 좋습니다). 평가문제집이 낫습니다.

저는 시험문제를 학습 활동에서 많이 내는 편입니다. 다른 국어 선생님들도 비슷할 거라 생각합니다. 국어 교과서에 학습 활동이라는 이름이 없을 수도 있습니다. 제가 가르치는 교과서에서는 '이해와 탐구', '문제해결과 적용'이라는 이름으로 학습 활동이 나옵니다. 그 단원에서 배워야 할 핵심 내용이 문제 형식으로 나와 있는 것이 학습 활동입니다. 그래서 학습 활동을 꼼꼼하게 보면 시험 대비를 거의 다 했다고 할 수 있습니다.

▌교과서와 같은 출판사 문제집 준비

국어 과목은 지문에 따라서 문제가 완전히 달라질 수 있습니다. 만일 국어 문제집을 사려고 한다면 반드시 교과서와 같은 출판사의 문제집을 사서 풀어야 합니다.

문제를 풀 때는 정답만 맞히는 것이 중요한 것이 아닙니다. 문제가 맞거나 틀린 이유를 반드시 분석하면서 공부해야 합니다. 선다형 문제를 풀 때는 오답은 오답인지 알아야 하고, 정답은 무엇 때문에 정답인지 분석해야 합니다. 서술형 문제를 풀 때는 답지의 채점 기준을 제대로 보고 문제에서 요구하는 답을 제대로 썼는지 확인하는 과정이 꼭 필요합니다.

국어가 모국어라 막연하게 성적이 잘 나오겠지 하고 생각하면 절대 안 됩니다. 국어도 반드시 공부해야 성적이 잘 나올 수 있다는 걸 꼭 기억하세요.

영어 공부법

• • •

영어는 시간과 노력을 들인다면 누구나 잘 할 수 있는 과목입니다.
두려워하지 말고 노력한다면 분명 좋은 성적을 받을 수 있습니다.

▍영어 과목의 성격과 목표

중학교 영어는 초등학교에서 배운 영어를 토대로 학습자들이 기본적인
일상 영어를 이해하고 이를 사용할 수 있는 능력을 기름으로써 외국의
문화를 이해하고, 고등학교의 선택 교육과정 이수에 필요한 기본 영어
능력을 배양시키는 데 목적이 있습니다.

영어 학습과 언어 이해, 습득, 활용에 있어서 필수적인 요소인 문화 학습을 유기적으로 연결해 영어 학습의 효율성을 꾀할 뿐만 아니라 외국의 문화에 대한 개방적인 태도 및 글로벌 시민 의식을 함께 기르고, 우리 문화를 외국인에게 소개할 수 있는 의사소통 능력을 익히도록 합니다.

영어 과목의 최종 목표는 학생들의 영어 의사소통 능력을 기르는 것입니다. 또 외국 문화의 올바른 이해를 바탕으로 한국 문화의 가치를 알고 상호 가치 인식을 통해 국제적 안목과 세계 시민으로서의 소양을 기르는 것 역시 영어 과목의 목표입니다.

이를 위해 첫째, 영어로 듣기, 말하기, 읽기, 쓰기 능력을 습득해서 기초적인 의사소통 능력을 기르고 둘째, 영어에 대한 흥미와 동기 및 자신감을 유지하도록 하고 셋째, 국제 사회 문화 이해, 다문화 이해, 국제 사회 이해 능력과 태도를 기르고, 넷째, 영어 정보의 진위 및 가치 판단 능력을 기르도록 합니다.

▎실력 향상을 위한 첫 단계, 단어 외우기

영어 실력을 향상하기 위해서는 네 가지가 필요합니다. 첫째, 영어 어휘량, 둘째, 영어 듣기, 셋째, 영어 독해, 넷째, 영어 문법입니다. 우선 영어 공부를 할 때 가장 기본이 되는 것은 어휘입니다. 어휘를 모르면 아무것도 할 수가 없으니 영어 공부를 하고자 마음을 먹었으면 단어부터 익혀야 합니다. 시중에 나와 있는 학년별 필수 어휘 책을 한 권 정해서 꾸준히 외우는 것이 중요합니다.

하루에 단어 30개를 익히겠다는 식으로 구체적으로 목표를 정해야 합니다. 단어 암기는 주중에 합니다. 주말에는 빠진 날의 단어를 외우거나 정확하게 외우지 못한 단어를 복습하는 게 좋습니다.

매일 30개를 외우고 여기에 전날 외웠던 단어를 복습하는 방법을 추천합니다. 상위권이면 영영사전을 통해 그 단어의 뉘앙스까지 정확히 파악하며 공부합니다.

학교 시험은 서술형 문제가 대부분을 차지합니다. 영어로 서술형 답을 써야 하는데 우리말이 아니므로 알파벳을 정확하게 익혀두는 것이 좋습니다. 제가 공부할 때는 대부분 학생들이 단어를 외울 때 쓰면서 익혔는데 요즘 학생들은 눈으로 보면서 외우는 경우가 많습니다. 눈으로만 보면서 외우게 되면 그 단어를 쓰려고 할 때 철자가 헷갈릴 수 있으니, 단어는 직접 써서 철자 오류가 없는지 확인하며 공부해야 합니다.

▌ 듣기 공부는 가랑비에 옷 젖듯 꾸준히

수능 전체 45문항 중 17문항이 듣기 문제입니다. 이를 환산하면 약 38%에 해당합니다. 다른 영역과는 달리 듣기는 단기간에 실력이 급속도로 향상되기 어려운 영역입니다. 따라서 듣기 공부는 가랑비에 옷 젖듯이 꾸준히 하는 것이 중요합니다.

시중에 나와 있는 문제집 중에서 듣기 문제만으로 구성된 문제집을 준비해서 꾸준히 받아쓰다 보면 듣기평가 문제를 다 맞히는 것이 어렵지 않다고 느낄 겁니다.

쉴 때 팝송을 듣거나 미국 드라마나 미국 영화를 보는 것도 듣기 실력 향상에 도움이 됩니다. 요즈음은 유튜브에 많은 자료가 있으니 본인 관심 분야(자동차, 패션 등)에 관련된 영어 영상을 보면서 영어 듣기 및 영미권 문화에 대한 노출 시간을 늘리는 것도 좋은 방법입니다. 단, 영어 영상을 보기 위해 핸드폰을 보다가 게임을 하는 경우도 있어 자기 절제력이 있는 경우만 이 방법을 추천합니다.

▌ 관심 있는 분야의 내용으로 독해하기

영어 읽기(독해) 공부를 위해 자신의 수준에 맞는 영어 독해 문제집을 한 권 준비해서 각 문장의 해석을 노트에 적습니다. 한 지문의 해석을 다 적은 후 해설집의 해석 내용과 비교해보며 자신이 다르게 해석한 부분을 빨간 펜으로 수정하며 공부하면 독해 실력이 향상됩니다.

독해 문제집을 고를 때, 어려운 교재를 선택하면 바로 포기할 수 있어서 수준에 맞는 교재를 고르는 것이 중요합니다. 일상생활과 관련된 내용이거나 관심 있는 분야의 내용이면 재미있게 공부를 할 수 있겠죠?

십 대들을 위한 영자 신문의 기사를 보는 것도 좋습니다. 영자 신문은 여러 분야의 내용을 다루고 있어서 처음 시도할 때는 좋아하는 분야(예를 들어 K-pop이나 스포츠 관련 등)의 기사를 먼저 봅니다. 어느 정도 영자 신문에 익숙해진 뒤 다른 기사들을 읽는다면 영자 신문 읽기가 그리 어렵지는 않을 것입니다.

고득점을 위한 영문법

마지막으로 문법에 대해 살펴보겠습니다. 문법을 체계적으로 익혀두어야 읽기나 쓰기 등을 잘 할 수 있고 학교 내신과 수능에서 고득점을 받을 수 있습니다. 문법을 통해서 주어와 동사를 알아야 문장의 정확한 뜻을 이해할 수 있으며 정확한 문장을 쓸 수 있습니다.

문법을 제대로 이해하기 위해서는 문법만 공부해서는 안 됩니다. 예문을 통해서 문법을 익혀 문법을 내면화하는 과정이 필요합니다.

영어 시험에서 고득점자를 판가름하는 문제는 문법 관련 문제가 대부분입니다. 문법을 중학교 때 완벽하게 정리해두면 고등학교에 진학해서도 영어 공부에 큰 도움이 됩니다.

▌ 시험 기간에는 내신 공부!

평소에는 위에서 제시한 방법으로 꾸준히 영어 공부를 하고 내신 시험 기간에는 시험에 맞는 공부를 해야 합니다. 시험문제는 대부분 교과서 본문(reading part)과 문법에서 출제됩니다. 시험 한 달 전부터 내신 대비를 위해서 본문과 문법 위주로 공부합니다.

새 단원이 시작되는 첫 페이지에 그 단원에서 무엇을 배울지 간략히 나와 있습니다. 시험 공부를 할 때는 그 첫 페이지의 핵심 내용을 염두에 두고 공부합니다. 본문과 문법 위주로 공부하고 새 단원 첫 쪽에 나와 있는 의사소통 기능을 추가로 공부합니다.

본문을 공부할 때는 한글 해석만 봐도 영어 문장을 줄줄 읊을 수 있을 정도로 외웁니다. 문법은 교과서 문법 설명만으로 부족합니다. 수업 시간 제공된 학습지를 반복해서 읽고 평소 공부하던 문법책에서 시험 범위에 해당하는 부분을 복습하면 만점을 받을 수 있습니다. 학교 시험은 수업 시간에 받은 학습지와 교과서만 완벽히 공부하면 충분합니다.

본문을 외우다 보면 '왜 이렇게 무조건 암기를 해야 할까?'라는 생각이 들 수도 있습니다. 하지만 이것도 분명 의미 있는 공부 방법입니다.

영국 엘리자베스 여왕 내한 때 통역을 맡았고 역대 미국 대통령들의 통역을 담당했던 우리나라 정부 최초의 통역사인 임종령 씨가 언급한 영어 공부를 잘하는 법도 '반복해서 외우기'입니다. 게다가 소리를 내서 여러 번 읽다 보면 영어 발음도 좋아지고, 읽었던 문장들도 자연스레 외워집니다.

수학 공부법

...

수학 과목의 성격과 목표

수학은 수학의 개념, 원리, 법칙을 이해하고 기능을 습득하여 주변의 여러 가지 현상을 수학적으로 관찰하고 해석하며 논리적으로 사고하고 합리적으로 문제를 해결하는 능력과 태도를 기르는 과목입니다.

중학교 수학은 수와 연산, 문자와 식, 함수, 기하, 확률과 통계의 5개의 영역으로 구성됩니다. 수와 연산 영역에서는 정수, 유리수, 실수의 개념과 사칙계산을, 문자와 식 영역에서는 식의 계산, 일차방정식과 일차부등식, 연립일차방정식, 이차방정식을, 함수 영역에서는 좌표평면, 그래프, 정비례와 반비례, 함수 개념, 일차함수, 이차함수를, 기하 영역에서는 평면도형과 입체도형의 성질, 삼각형과 사각형의 해석, 확률의 개념과 기본 성질, 대푯값과 산포도, 상관관계를 다룹니다.

수학의 개념, 원리, 법칙을 이해하고 기능을 습득하며 수학적으로 추론하고 의사소통하는 능력을 길러, 생활 주변과 사회 및 자연 현상을 수학적으로 이해하고 문제를 합리적이고 창의적으로 해결하며 수학 학습자로서 바람직한 태도와 실천 능력을 기르는 것입니다.

▌적당한 선행은 필요하다

수학 선행을 하는 아이들이 많습니다. 적당한 선행은 학교 수업 시간에 도움이 됩니다. 처음 듣는 것보다는 한번 들어본 내용이면 이해하기가 더 쉽겠죠. 하지만 과도한 선행을 할 필요는 없습니다. 많은 수학 선생님들이 무리한 선행은 오히려 독이라고 하며 대부분은 다음 학기 수업을 따라갈 정도면 된다고 합니다.

특목고를 준비하는 아이라면 한 학기에서 한 학년 정도의 선행으로는 안 됩니다. 그보다 더 빠른 수학 선행이 필요합니다. 최소한 고등학교에 입학하기 전에 고등 수학을 한 번 이상 살펴보아야 합니다. 특목고에 입학했을 때, 이미 다른 아이들이 엄청나게 선행을 해온 상태일 겁니다. 수업도 그에 맞춰 진행되고, 전원 기숙사 생활을 해서 학교에 다니는 동안 평소 부족한 부분을 채우기 힘듭니다. 그래서 특목고를 준비한다면 빠르게 선행하는 것이 좋습니다. 하지만 일반고를 가려고 계획한다면 특목고를 준비하는 만큼의 선행은 필요 없습니다. 한 학기에서 한 학년 정도의 선행이면 충분합니다.

▌천천히 기초 다지기,
▌이해 과목이지만 암기도 필요하다

수학은 장기 레이스입니다. 초반에 지나치게 채찍질해서 아이가 수학에 질리게 해서는 안 됩니다. 아이의 학습 정도를 꾸준히 살피면서 수학 공부를 해야 합니다. 수학을 공부할 때 선행이나 예습보다 중요한 것이 복습입니다. 필요한 부분이 있다면 초등 수학으로 돌아가서라도 복습을 통해 기초를 단단히 다져야 합니다. 기초가 단단해야 그 위에 중등 수학, 고등수학을 쌓을 수 있습니다.

수학 공부에서 가장 중요한 것이 바로 수학의 개념입니다. 개념을 잘 정리해 놓은 것이 수학 교과서입니다. 수학 교과서에 'A는 B라고 한다'라는 수학의 개념들이 나옵니다. 선행하는 경우 대부분 B라는 단어만 익히고 넘어갑니다. 하지만 A라는 단어의 설명 부분도 정확하게 알고 있어야 합니다. 그래야 나중에 문제가 변형되어서 나오더라도 그 원리를 파악해서 문제를 제대로 풀 수 있습니다.

수학은 이해 과목이기도 하지만 암기 과목이기도 합니다. 많은 아이가 수학은 이해만 하면 된다고 오해하고 반복과 암기를 소홀하게 대합니다. 그 결과는 '수포자'라는 비극입니다.

수학을 공부할 때는 반드시 수학의 개념을 제대로 이해하고 그 내용을 반복해서 암기합니다. 문제를 풀 줄 안다고 해서 개념을 완벽하게 이해한 것은 아닙니다. 예컨대 방정식을 잘 풀고 활용 문제를 잘 풀어도 '방정식'이 무엇이냐는 질문에 한 문장으로 대답하지 못한다면 이는 개념 학습이 완벽하게 된 것이 아닙니다. 개념을 제대로 공부해야 합니다.

수학 개념을 처음에 제대로 외워두면 나중에 수학 공부 속도가 빨라집니다. 개념이 완전히 이해되고 암기된 다음에 문제를 반복해서 풀어야 합니다. 이렇게 해야 문제가 변형되더라도 문제를 제대로 이해해서 풀 수 있습니다.

수학은 계단입니다. 아래 계단이 단단하게 다져져 있어야 위 계단도 튼튼합니다. 그래야 수포자의 비극에 빠지지 않습니다.

▌풀이 과정과 시간 안배가 중요하다

기초를 튼튼히 하고 나서 수학 문제를 풀어야 합니다. 문제 풀이 과정을 정확히 서술하는 문제일 경우 평소 문제를 풀 때, 풀이 과정을 논리적으로 순서에 맞게 서술하며 공부해야 합니다. 문제 풀이 과정을 논리적으로 작성하는 것이 어렵다면 해설을 참고하여 자기 답안을 보충하거나 그대로 따라 써보는 것도 좋습니다.

수학 과목에서 가장 많이 출제되는 유형이 정확한 풀이 과정을 묻는 문제입니다. 문제를 풀 때 문제집 여기저기 알아보지 못할 정도로 풀이 과정을 써서 정답만 맞히는 학습 방법으로 공부하면 절대 안 됩니다. 평소보다 시간이 오래 걸리겠지만, 하루에 한 문제라도 꼼꼼하게 풀이 과정을 써가며 풀이하는 연습을 해야 합니다.

평소에 공부할 때는 시험문제와 비슷한 개수의 문제를 미리 정해놓고 20~30분 안에 다 푸는 연습을 해보는 것도 좋습니다. 교과서에서 중단원 정리 문제나 대단원 정리 문제를 정해진 시간 안에 풀이 과정까지 다 써보는 것도 크게 도움이 됩니다.

선행을 한다고 하더라도 시험 기간에는 현행 심화에 집중해야 합니다. 이때 모르는 문제가 없을 정도로 문제를 풀어야 합니다. 그 말은 수학 문제집을 아무 페이지나 펼쳤을 때 바로 풀 수 있는 수준으로 공부한

다는 뜻입니다. 물론 풀이 과정까지 꼼꼼하게 써야겠지요. 문제를 풀 때
는 반드시 풀이 과정을 쓰면서 공부해야 합니다. 풀이 과정은 누가 보아
도 이해할 수 있도록 깔끔하고 정확하게 씁니다.

수학 풀이 과정이 바로 수학 서술형 평가 문제입니다. 시험을 칠 때
특히 풀이 과정을 꼼꼼하게 써야 합니다. 서술형 문제의 경우, 풀이 과
정에 부분 점수가 있습니다. 그래서 수학 문제를 풀 때 푸는 과정을 잘
모르겠다 하더라도 풀이 과정을 써서 부분 점수를 노려야 합니다. 또 답
안을 작성할 때 숫자, 부호, 단위 등도 주의해서 적습니다. 이 역시 수학
에서 중요한 요소입니다.

수학은 문제를 풀 때, 시간 안배에도 주의해야 합니다. 지필 평가를
칠 때 시간 안배를 잘 못 해서 뒷장은 아예 손도 못 대고 제출하는 경우
가 많습니다. 시험이 끝나고 마지막 페이지에 아는 문제가 많았는데 시
간이 모자라서 풀지 못했다는 이야기도 많이 듣습니다. 그런 이야기를
들을 때마다 안타까울 따름입니다. 반드시 문제 풀이 시간도 체크해야
합니다.

저희 반 학생이 종료령이 울려서 선다형 답을 마킹하지 못한 일이 있
었습니다. 선다형 점수 28점을 고스란히 날려버렸지요. 서술형 문제를
먼저 풀어야 한다는 건 알았지만 시간을 제대로 체크하지 못한 것입니

다. 다른 과목에 비해 유독 수학 시험에서 그런 실수를 많이 합니다. 너무 안타깝지만, 규정대로 처리됩니다.

수학 시험의 난도는 학교의 분위기에 따라 다릅니다. 심화 문제가 많이 나올지, 조금 평이한 문제가 많이 나올지 그것을 판단해서 전략적으로 공부하세요. 그리고 수학 문제의 풀이를 꼼꼼하게 쓰세요.

사회 공부법

. . .

역사와 사회는 비전공자가 봤을 때는 비슷하게 느껴지지만 두 과목은 엄연히 완전히 다른 전공입니다. 공부할 때 조금 다르게 접근해야 합니다.

학교마다 조금씩 다를 수 있지만 대체로 중1 때 사회1, 중2 때 역사1, 중3 때 사회2, 역사2를 배웁니다. 2015 개정교육과정에서는 역사는 세계사를 다루고, 역사2에서는 한국사를 다룹니다. 한국사의 경우 예전과 달리 근현대사 부분을 많이 다룹니다.

사회 과목은 배경지식이 있으면 훨씬 폭넓게 이해하고 공부할 수 있습니다. 그래서 사회 과목과 관련된 책을 꾸준히 읽어두어야 합니다.

(1) 역사 공부법

역사는(세계사 포함) 공부할 양이 많습니다. 많은 양을 공부하기 위해서 평소에 역사에 대한 흥미가 있어야 합니다. 만화책도 좋고 유튜브나 예능, 영화도 좋습니다. 다양한 매체를 활용해서 흥미부터 키워야 합니다. 흥미가 생기면 아이들이 관심을 가질 만한 역사책을 읽게 합니다. 그렇게 역사 바탕을 마련해서 수업을 들으면 훨씬 쉽게 이해할 수 있습니다.

▮ 전체 흐름부터 파악한다

역사는 우선 여러 번 읽어서 전체적인 흐름을 잡고 공부해야 합니다. 역사는 양이 많습니다. 처음부터 그 내용을 암기하려 하면 안 됩니다. 역사의 거대한 줄기를 모르면 역사 공부는 어려울 수밖에 없습니다. 역사를 공부하기 위해서는 역사의 거대한 줄기를 읽어내고, 그 속에서 세부적인 것들을 이해하고 외워야 합니다.

첫 번째 읽을 때는 소설책을 읽는 기분으로 시험 범위 전체를 읽습니다. 외우기 위해서가 아니라 흐름을 파악하기 위함입니다. 두 번째는 중요한 것들은 형광펜으로 표시하면서 정독하고, 세 번째는 그 중요한 것들을 외우면서 읽도록 합니다.

▌ 문제 풀기

교과서를 세 번 정도 읽었으면 문제를 풉니다. 채점해서 틀린 것이 있으면 교과서에서 그 부분을 찾아서 표시하고 다시 외웁니다.

이렇게 공부하면 전체적인 흐름을 잡고 시험 범위의 내용도 외울 수 있습니다. 머릿속에 역사의 틀이 잡힌 다음 여러 번 읽어가며 틈틈이 정리합니다. 시험 전날 마지막으로 외우면서 오답을 체크합니다.

(2) 사회 공부법

사회도 공부의 전체적인 흐름은 역사와 비슷합니다. 하지만 사회를 공부할 때는 흐름을 잡는 것이 아니라 교과서에 나오는 개념을 익혀야 합니다. 제목, 목차가 그 단원의 중요 개념일 가능성이 큽니다. 처음 공부를 할 때는 제목, 목차를 우선으로 봐야 합니다.

▌ 개념부터 하나하나, 꼼꼼하게 교과서 읽기

사회 교과서에 나오는 개념들은 한자어가 많습니다. 새로운 개념이 나올 때마다 개념을 뜻하는 한자 하나하나를 분석해서 그 단어의 뜻이 무엇인지 제대로 알아야 합니다.

개념을 정확하게 이해했다면 개념을 외웁니다. 사회 과목은 서술형 답을 채점할 때, 핵심어 유무가 중요합니다. 그 핵심어가 바로 사회 교과서에 나오는 개념입니다. 따라서 공부를 할 때 개념을 정확하게 익히고 시험을 칠 때도 개념을 제대로 썼는지 확인합니다.

개념을 공부하고 나서 교과서를 꼼꼼하게 잘 읽습니다. 교과서를 읽을 때는 교과서에 있는 도표, 그림, 그래프, 지도, 사진 등의 자료를 꼼꼼하게 함께 봅니다. 교과서에 제시된 자료들은 그 단원에서 다루는 개념을 설명하는 데 필요한 것들이기 때문입니다. 사회 공부를 할 때 절대 교과서에 있는 글자만 읽으면 안 됩니다. 반드시 제시된 자료가 왜 나왔는지 생각하면서 개념과 연결하며 교과서를 읽어야 합니다.

▎개념 연결하며 정리하고 암기하기

교과서를 꼼꼼하게 읽고 나면 교과서에 제시된 자료와 교과서의 개념을 정리합니다. 사회 과목은 각각의 개념이 독립적으로 제시되지 않습니다. 사회 과목의 개념들은 서로 연결되어 있습니다. 그래서 각 개념을 공부하되 중심 개념을 바탕으로 하위 개념으로 연결하거나 범주화시켜서 공부해야 합니다. 이때 마인드맵, 개념도 만들기 등의 방법을 사용하여 정리하면 좋습니다.

정리가 끝나면 공부한 내용을 반드시 암기합니다. 암기할 때는 이해를 바탕으로 해야 제대로 암기할 수 있습니다.

암기가 끝나면 그것을 설명해봅니다. 소리를 내면서 설명하면 좋습니다. 선생님이 된 것처럼 수업하듯이 설명하면 좀 더 자연스럽게 설명할 수 있습니다. 설명하다가 막히는 부분이 있으면 그 부분을 중심으로 다시 공부하고 암기합니다.

▌ 마지막 확인, 문제 풀이

완벽하게 암기하고 나면 문제집을 풀어서 제대로 이해했는지 확인합니다. 사회 과목의 경우 교과서 출판사와 상관없이 '한끝'을 많이 보는 것 같습니다. 개념이 중심인 과목이라 배우는 내용이 비슷하므로 자신에게 맞는 문제집을 공부해도 됩니다.

그러나 시험 공부를 할 때는 교과서와 같은 출판사의 문제집을 추천합니다. 사회 과목은 도표, 그림, 그래프, 지도, 사진 등의 자료가 중요한데, 학교 교과서와 같은 출판사 문제집이 자료가 같아 이해하기 쉽습니다. 출판사가 다를 경우 자료가 조금씩 달라 시험 때 당황할 수 있습니다.

과학 공부법

• • •

중학교 과학을 잘하기 위해 중요한 것은 과학에 관한 관심과 과학 관련 독서입니다. 배경지식이 있어야 수업 내용을 이해하고 따라갈 수 있기 때문입니다.

중학교 과학은 물리, 화학, 지구과학, 생물의 네 과목이 합쳐져 한 과목으로 배웁니다. 중학교 1학년 과학은 쉬운 편입니다. 중학교 1학년 과학은 학교 수업을 들으며 혼자서 공부할 수 있습니다. 하지만 중학교 2학년이 되면 과학 과목의 난도가 갑자기 올라갑니다. 혼자서 공부하기 힘든 부분이 많아집니다. 그래서 중학교 2학년 때 과학 공부를 잘하려면 인강이나 선생님의 도움을 받는 것도 좋습니다.

교과서 정독으로 개념 이해부터 챙긴다

인강이나 학원 수업을 듣기 전 교과서를 정독하고 교과서의 단원 문제를 꼼꼼히 푸는 것이 좋습니다. 이 과정을 거쳐야 개념을 제대로 이해할 수 있습니다. 개념을 이해하고 강의를 들으면 이해도 빠르고 수업 진도도 빠르게 나갈 수 있습니다.

특히 과학은 위계가 철저해서 제 학년의 것을 꼼꼼하게 공부하고 다음 학년의 것을 공부해야 합니다. 간혹 선행한다고 하면서 제 학년의 것을 건너뛰고 공부하는 경우가 있는데 이렇게 하면 과학의 개념을 제대로 이해하지 못하게 됩니다. 선행하려면 위계를 맞춰가되 한 학기 정도의 선행과 복습을 같이 하기를 추천합니다.

과학이라고 해서 공부 방법이 똑같지 않습니다. 과목별로 공부 방법이 달라야 합니다. 물리의 경우 수학이 바탕이 되어 있어야 공부를 제대로 할 수 있습니다. 물리 선행을 나가고 싶다면 수학을 공부한 다음 해야 합니다. 수학을 어느 정도 하고 나서 공식을 바탕으로 물리 공부를 합니다. 화학을 공부할 때는 화학 반응의 과정을 이해해서 공부해야 하고, 지구과학과 생물은 많은 개념을 암기해야 합니다.

과학도 사회와 마찬가지로 개념 정리가 중요한 과목입니다. 또 새로운 용어나 개념이 많이 나와 공부할 때, 제대로 파악하는 것이 중요합니다.

과학 공부의 시작 역시 교과서 정독입니다. 여기서 정독한다는 것은 글자 하나하나를 꼼꼼하게 읽으라는 뜻이 아닙니다. 사회 과목과 마찬가지로 과학 과목에 나오는 개념을 꼼꼼하게 해석해야 한다는 뜻입니다.

과학 수업은 그 내용을 모르면 수업을 따라갈 수 없으므로 개념을 꼼꼼하게 공부하면서 최소 두 번 이상 정독하며 예습합니다. 읽다가 모르는 낱말은 꼭 체크합니다. 개념을 이해했다면 단원별 학습 목표를 살펴봅니다. 그후 본문을 통해 단원별 학습 목표를 확인하며 공부합니다.

교과서 자료에 유의하고, 교과서와 같은 출판사 문제집 준비

과학 교과서에는 탐구 활동, 사진, 표, 그래프 등의 자료가 많습니다. 이 자료들은 교과서 본문의 이해를 돕기 위한 것이기 때문에 반드시 제시된 자료와 교과서의 내용을 연결해서 읽습니다.

과학 교과서에서 다루는 실험도 매우 중요합니다. 실험을 통해 과학 원리를 설명하기 때문입니다. 실험이 나오면 그 실험의 원인과 결과를 이해하고 그 원리를 파악하는 과정이 꼭 필요합니다.

과학의 하위 과목인 네 과목의 특성이 달라서 관련 도서를 읽어서 배경지식을 쌓아두어야 그 흐름을 잡기가 편하며, 그후에 각 과목의 특성에 맞게 공부합니다.

과학도 학교에서 배우는 출판사와 상관없이 '오투'를 비교적 많이 봅니다. 과학 역시 개념이 중심인 과목이라 자신에게 맞는 문제집으로 공부하면 됩니다. 하지만 학교에서 다루는 교과서와 다른 출판사의 문제집으로 공부하면 제시되는 자료가 조금씩 달라서 시험칠 때 불편할 겁니다. 공부는 학교에서 사용하는 교과서와 다른 출판사의 것으로 한다고 하더라도 내신 대비를 위한 문제집은 반드시 교과서와 같은 출판사의 것으로 공부하세요.

예체능 공부법

· · ·

예체능 과목은 대부분 지필 평가가 없습니다. 대신 수업 시간에 다양하게 활동하고 이를 관찰해 평가척도에 따라 채점하는 수행 평가를 시행합니다. 수업 중의 활동이 중요하고 재능이 필요한 평가보다 연습을 통해서 학습 목표에 도달할 수 있는 내용을 평가하는 경우가 많습니다. 그래도 성적을 못 받는 아이들이 있는 걸 보면 예체능 과목에서 재능이 중요한 것 같습니다.

예체능 과목은 성취율의 범위가 더 넓어서 대체로 성적이 잘 나오는 편입니다(예체능 과목의 경우 A등급이 80~100점 사이입니다. 다른 과목의 A등급이 90~100점인데 훨씬 A등급의 범위가 넓시요). 그것 때문인지는 모르겠지만 학기 말에 교과우수상을 시상할 때(교과우수상은 시상하는 학교도, 시상하지 않는 학교도 있습니다) 예체능 과목 덕분에 많은 아이가 교과우수상을 받는 모습을 봅니다.

예체능 과목 선생님들은 대체로 수업 시간에 성실하고 열심히 하면 일정 이상의 성적을 받을 수 있도록 수행 평가를 채점합니다. 그러나 과목 선생님이 어떤 활동에 초점을 두는지에 따라 학교별로 평가 방식이나 평가 내용이 천차만별이기 때문에 이에 맞추어서 수행 평가를 준비해야 합니다.

(1) 음악

최근 음악 수업의 경향은 가창이나 피아노 연주가 중심이 아닙니다. 음악을 통한 다양한 활동을 평가하는 경우가 많습니다. 음악 시간에 다양한 (피아노 외의) 동서양 악기들을 연주하거나 음악으로 표현하는 등 음악과 관련된 여러 활동들을 합니다. 이 활동을 수행 평가로 평가합니다. 재능으로 평가되는 수행은 지양하고 수업 시간에 성실하게 참여하면 성취할 수 있는 내용으로 평가하는 편입니다.

(2) 미술

미술 역시 최근에는 회화 위주 수업은 거의 하지 않습니다. 세상에는 다양한 재료를 활용한 다양한 작품이 있습니다. 미술 수업 시간도 마찬가지입니다. 평면적인 회화보다는 다양한 재료를 사용하거나 입체적인 활동을 많이 합니다.

손재주가 있는 아이들의 작품이 보기에 더 좋겠지만 더 예쁘다고 해서 수행 평가 때 점수를 더 많이 주지는 않습니다. 채점 기준에 맞추어 점수를 줍니다. 채점 기준은 수업 시간 중에 안내하니 수업 시간 내에 주어진 대로 성실하게 하면 됩니다.

(3) 체육

체육은 수행 평가 채점 기준표의 기준이 그다지 높지 않음에도 불구하고 성적이 극과 극으로 나옵니다. 전 과목의 성적이 A인 아이가 체육만 C를 받기도 하고 전 과목이 C 이하인 아이가 체육만 A를 받기도 합니다. 체육은 몸으로 하는 것이다 보니 최대한 노력하면 좋은 점수를 받을 수 있는 평가를 하지만 기본 재능이 영향을 끼칠 수밖에 없습니다. 그래서 되도록 많은 학생들이 통과할 수 있도록 채점 기준을 낮게 잡는 편입니다.

(4) 기술·가정

기술·가정은 예체능 과목은 아니지만 실습을 많이 해서 같은 범주에 넣었습니다. 기술·가정은 기술 관련 내용과 가정 관련 내용을 다 다루는데 기술만 좋아하거나 가정만 좋아하는 아이가 있을 만큼 과목 내의 내용이 이질적입니다.

기술·가정은 대체로 지필 평가보다 수행 평가의 비중이 더 큽니다. 수행만 100%로 실시하는 학교도 있습니다. 지필 평가를 볼 경우, 생각보다 어렵고 까다로운 과목이 기술·가정입니다. 외워야 할 것이 많아 공부량이 많습니다.

기술·가정 과목을 공부할 때는 교과서, 선생님이 나눠주신 학습지, 필기를 중심으로 봅니다. 특히 학습지를 중심으로 공부하면 좋습니다. 기술·가정 문제집은 굳이 필요하지 않습니다.

지필 평가
D-day

* * *

(1) 한 달 전

지필 평가 날짜는 학기 초에 미리 고지됩니다. 지필 평가 한 달 전부터 준비하면 시험 범위를 공부할 수 있습니다. 학원에 다니는 아이들의 경우, 지필 평가 한 달 전부터 학원에서는 내신 대비를 준비합니다. 한 달 동안 기존 진도를 멈추고 내신 대비를 하는 학원도 있고 선행과 내신 대비를 병행하다가 시험 막판 2주 이내부터 본격적으로 내신 대비를 하는 학원도 있습니다. 전자의 경우 내신 대비 시간은 늘어나겠지만, 학원 진도가 느리고 후자의 경우 내신 대비가 부족할 수 있습니다. 어떤 학원에 가서 어떻게 내신 대비를 해야 할지는 아이의 성향을 보고 판단합니다.

학원에 다니지 않는 아이의 경우, 한 달간 과목별로 구체적인 계획을 세워야 합니다. 교과서 내용을 보면서 간단히 계획을 세우고 공부할 부분이 많은 과목부터 공부를 시작합니다. 공부하기 막연하다면 문제집의 도움을 받는 것도 좋습니다. 수학, 과학, 사회 과목은 어떤 출판사 문제집이든 상관없고, 국어, 영어 과목은 반드시 교과서 출판사와 같은 출판사의 문제집을 사야 합니다. 두께는 제일 얇은 것으로 준비합니다.

▌자기 공부 시간이 꼭 필요하다

중요한 것은 학원에 다닐 경우, 학원 숙제 시간 이외에 자기 공부를 할 시간이 꼭 필요하다는 것입니다. 학원에서 시험을 대비해주는 것만으로 완벽하게 내신 대비가 가능하다면 학원 다니는 아이들 모두 만점을 받을 것입니다. 하지만 현실은 그렇지 않습니다. 학원에서 내신을 대비하는 것도 중요하지만 그전에 학교 수업을 잘 듣고 스스로 공부하는 것이 더 중요합니다.

많은 선생님이 학원에서 미리 배웠다면서 학교 수업을 제대로 듣지 않는 아이들을 자주 마주합니다. 또 많은 아이가 국어 수업 시간에 국어 교과서 아래에 영어 학원 문제집이나 수학 학원 문제집을 깔고 있습니다. 수업 시간에 자신이 알고 있는 내용을 수업한다는 생각이 들거나 흥미 유발을 위한 도입부에서 몰래 학원 숙제 문제집을 풀고 있는 모습을 봅니다. 하지만 선생님이 수업 중 무언가를 질문했을 때 그것을 이해하고 제대로 해내는 아이들은 많지 않습니다. 수업 시간에 집중해서 수업에 참여하는 것이 우선입니다. 그런 것을 보면 학원 수업을 듣는 것만이 전부가 아니라는 생각을 합니다.

시험 준비도 마찬가지입니다. 학원에서 아무리 시험 준비를 철저히 한다고 하더라도 학교 수업을 제대로 듣고 이해하는 것이 최우선입니다.

출제 범위는 교과서,
출제자는 학교 선생님이란 것을 명심하자

명심할 것은 지필 평가의 출제 범위는 교과서이고, 출제자는 바로 학교 선생님이라는 점입니다. 아무리 학원에서 내신 대비를 위해 여러 문제를 풀게 하고 시험 대비를 한다고 해도 그것은 대비일 뿐이지 시험문제와 똑같이 집을 수 없습니다.

사실, 중학생이 배우는 내용이란 어른의 시각으로 봤을 때 어렵지 않습니다. 그런데 그것을 풀어내는 방법은 사람마다 다릅니다. 학교 선생님이 수업 시간에 교과서의 내용을 어떻게 풀어내는지를 살피고 그것이 교과서에 어떻게 정리되었는지 꼼꼼하게 봐야 합니다. 선생님이 강조하는 부분에 초점을 맞춰서 공부하기 위해서 수업 시간에 집중해야 합니다. 그 내용을 바탕으로 빠짐없이 공부해야 합니다. 필요하다면 나의 필기와 다른 반 친구들의 필기를 비교해보는 것도 좋습니다.

(2) 2주 전

시험 기간 2주 전부터는 자기에게 맞는 지필 평가를 대비한 공부 패턴을 완성해야 합니다. 밤샘은 권하지 않습니다. 급한 마음에 밤샘을 지속하면 낮에 집중력이 떨어집니다. 가장 컨디션이 좋은 시간대를 미리 알아두는 것도 도움이 됩니다. 시험 직전 그 시간을 활용해 최대한 효율적으로 공부합니다.

▌시험 계획 짜기

물론 계획만 세우다 시험이 끝나면 안 되겠지만 지금까지 공부한 양을 고려해서 구체적으로 시험 계획을 짭니다. 계획을 짜는데 예쁘게 꾸밀 필요는 없습니다. 제가 본 전교 1등들은 시험 계획표를 정말 무심한 듯

짜더라고요. 전혀 예쁘게 계획을 꾸미지는 않지만 간단한 계획표 안에 자신의 공부량을 고려한 시험 공부 계획이 반영되어 있었습니다.

▎시험 범위까지 한 번 이상은 공부한다

의외로 시험을 치기 직전까지 시험 범위의 내용을 다 공부하지 않고 시험을 치는 아이가 많습니다. 시험 중간에 있는 자습 시간에 그 다음 시간 공부를 할 거라고 하면서 자습 시간 다음 과목의 공부를 제대로 하지 않습니다. 이것은 좋은 방법이 아닙니다. 시험 전에 시험을 치는 과목을 최소 한 번 이상은 읽고 공부해야 합니다. 그것이 어떤 과목이든 시험 중간에 있는 자습 시간에 그 과목을 처음 공부하면 안 됩니다. 시험 중 자습 시간은 그동안 공부한 내용을 정리하는 시간이 되어야 합니다.

시험 전부터 미리 시험 과목을 공부해야 합니다. 2주는 결코 짧은 시간이 아닙니다. 뭘 해야 할지 모르겠다면 교과서라도 반복해서 읽습니다. 제일 좋은 것은 교과서를 세 번 이상 읽은 다음 스스로 교과서를 요점 정리하며 공부하는 것입니다.

문제집을 샀을 때는 교과서를 읽고 정리해서 공부한 다음 그 내용을 확인하는 정도로 문제집을 푸는 것이 좋습니다. 문제집을 풀 때는 문제집에 집중하기보다는 교과서를 읽고 정리한 다음 내가 제내로 익혔는지 확인하는 용도로 사용합니다.

(3) 시험일

시험을 치는 날 절대 하지 말아야 할 것이 있습니다. 시험을 치자마자 가채점을 하는 것입니다. 보통의 경우, 아이들은 시험이 끝나자마자 공부를 잘하는 아이 곁으로 가서 정답을 확인합니다. 시험이 끝날 때마다 정답인지 아닌지도 모르는 답을 서로 비교하면서 울고 웃습니다.

▎시험을 친 과목보다 남은 시험 준비하기

일명 '유리멘탈(정신력이 심약한)'인 아이들은 처음 시험에서 자신의 기대에 못 미치는 점수를 받으면 그때부터 심리적 압박과 부담감을 가집니다. 그 결과, 다음 시험까지 망치는 경우가 있습니다. 첫날 한 번만 망치면 될 것을 다음 날, 다음 시험에까지 부정적인 영향을 받는 것입니다.

선다형 문제는 시험이 끝나면 정답을 바로 알려주지만, 서술형 문제는 그렇지 않습니다. 정답인지 아닌지도 모르는 답을 서로 비교하면서 에너지를 낭비할 필요가 없습니다. 다음날 치는 과목을 확인하고 그 과목을 공부해야 합니다. 지나간 시험은 다시 돌아오지 않습니다.

만일 시험을 치고 온 아이가 상심하고 있다면 괜찮다고 위로해주세요. 본인의 속상한 마음이 커서 부모님의 말씀이 당장 귀에 들어오지 않을 수 있습니다. 하지만 따뜻한 위로의 말을 들은 아이와 강한 독려의 말을 들은 아이는 다음 시험에 대비하는 마음가짐이 달라질 것입니다.

다음 시험을 잘 보면 됩니다. 너무 걱정하지 마세요. 내신 시험은 이번 한 번이 끝이 아닙니다. 특히 중학생의 경우, 지필 평가를 통해 나중에 칠 시험을 대비하는 방법을 연습한다고 생각해 주세요. 이번 시험을 망쳤다면 다음 시험에서 일어서면 됩니다.

(4) 시험 후

과목 평가가 끝나면 선생님들은 서술형 답안을 채점합니다. 서술형 채점은 쉽지 않습니다. 특히 국어 과목의 경우 단어의 선택으로 정답이 애매해질 수가 있어서 전교생의 답안을 몇 번이고 다시 읽으면서 채점 기준을 명확하게 세우고 몇 번을 반복해서 채점합니다. 그렇게 채점을 다 하면 같은 과목의 다른 선생님이 재검합니다. 그 뒤 아이들에게 모범답안, 아이들이 쓴 서술형 답안, 채점 기준을 보여주며 서술형 답안을 확인하게 합니다. 몇 차례의 채점 과정을 거치기 때문에 서술형 평가의 채점은 시간이 꽤 소요됩니다.

▌ 성적 꼼꼼히 확인하기

이 과정이 끝나면 학생생활기록부에 서술형 성적을 입력하고 그 결과를 다시 출력해서 아이들에게 자신이 본 서술형 점수와 맞는지 확인하게 합니다. 이때가 성적 이의 제기 기간입니다. 문제가 있으면 이때 이의를 제기하고 해결해야 합니다. 채점에 문제가 없다면 학생성적 확인란에 확인 사인을 합니다. 성적 이의 제기 기간이 지나고 사인까지 하고 나면 자신이 받은 성적에 동의한 것으로 간주하여 성적 처리가 마무리됩니다.

이 과정까지 끝나야 숨 가쁜 지필 평가가 마무리됩니다.

시험 공부를 할 때 암기가 필요한 과목은 확실하게 암기해야 합니다. 교과서에 있는 모든 부분을 최소 3번은 읽어야 합니다(저는 10번 정도를 추천합니다). 교과서를 통으로 외우는 백지 공부법도 활용해봅니다. 백지 공부법은 백지에 단원명만 쓰고 공부한 내용을 정리하는 것입니다. 조금이라도 모르면 쓰다가 막힐 수밖에 없습니다. 이 방법으로 자신이 아는 부분과 모르는 부분은 명확하게 알 수 있습니다.

유튜브를 통해 다양한 공부 팁도 찾아봅니다. 여러 통로를 통해 공부의 동기를 제공해주세요.

고등학생과 비교하면 중학교 성적이 별것 아닐 수 있습니다. 진짜 실력과 시험 성적이 정비례하지 않을 수도 있습니다. 하지만 꾸준히 성적을 위해 노력하는 그 꾸준한 과정은 결코 아이를 배신하지 않을 것입니다.

 지필 평가의 경우 교과서가 제일 중요해요. 교과서를 통째로 외우세요. 그리고 평소 수업 때 집중해야 합니다. 시험 기간이 되면 교과서 많이 보고 문제를 푸세요. 수행 평가는 평소 선생님 말씀을 잘 듣고 미리 수행 평가의 주제에 대해 생각해봐야 해요. 그래야 수행 평가 시간 안에 원하는 결과가 나오는 것 같아요. 평소에 수업이나 선생님 말씀에 집중하면 지필 평가나 수행 평가 둘 다 기본 이상은 충분히 가능합니다. - 한솔

 지필 평가나 수행 평가 둘 다 생각보다 시간이 부족하고 어려웠어요. 수행 평가를 칠 때는 선생님이 미리 안내하시니 수행 평가와 관련된 내용을 봐두는 것이 좋아요. 지필은 적어도 한 달~3주 전부터 열심히 공부해야 할 것 같아요. 지필 평가를 칠 때는 시험지 작성 후 다시 한번 자신의 답을 체크하는 것이 정말 중요해요. 꼼꼼하게 공부해야 해요. 시험문제는 어디서 나올지 모르거든요. - 경진

시험 공부를 따로 할 것이 아니라 그날 배운 것을 바로 복습하세요. 그리고 서술형을 적을 때 최대한 열심히 적어야 해요. 대충 썼다가

는 부분 점수를 제대로 받을 수 없거든요. - 은영

 선생님이 중요하다고 한 것, 강조한 것은 무조건 암기해야 해요. 또 선생님이 주신 학습지와 필기도 잘 기억해야 합니다. 국어는 교과서 활동 파트에 필기한 내용은 전부 암기하고 수학은 수업 시간에 풀었던 유형을 중심으로 문제를 많이 풀어야 해요. 또 수학 문제를 풀 때는 풀이를 자세하고 깔끔하게 쓰는 연습도 합니다. 특히 역사, 과학, 도덕은 학습지와 교과서 내용을 완벽하게 암기하고 과학은 응용문제도 꼭 풀어보세요. 영어는 본문, 대화문, 학습지 예문을 암기합니다. 물론 본문 속의 문법 이해는 기본입니다.

수행 평가는 지필 평가가 아니니 중요하지 않다는 생각부터 버리세요. 수행도 비중이 크니 잘 챙겨야 한다는 것 명심하세요. 조사해야 할 것은 잘 조사하고 준비물도 잘 챙기면 수행은 걱정 없어요. - 심비

 지필을 준비할 때 문제집 푸는 게 어렵다면 일단 교과서를 계속 읽으세요. 그냥 교과서를 다 외울 정도까지 계속 읽어요. 이제 어느정도 알겠다 싶으면 문제를 풀어보세요. 만일 틀린 문제가 나오면 모범답안을 보고 그대로 적어보세요. 그 모범답안을 잘 이해하고 암기해야 합니다. 역사 같은 과목은 너무 헷갈려서 진짜 힘든데 친구랑 서로 문제를 만들어서 풀면 조금 더 이해하기 쉬워요.

수행은 미리 준비하고 그 내용을 충분히 공부해서 수행 평가를 쳐야 해요.
- 나경

....

    평소 수업 시간에 선생님의 말씀을 잘 들으세요. 학원에서 공부하
는 것도 중요하고, 문제집을 푸는 것도 중요하지만 제일 중요한 건
학교 선생님이 중요하다고 한 것, 별표 치는 것들입니다. 그런 것들은 다 필기
하고 별표를 해두어야 합니다. 특히 중요한 게 교과서에는 없는데 선생님이 말
씀하시는 거예요. 그런 건 포스트잇이나 교과서에 반드시 필기해둬야 합니다.
노트 필기가 필요한 과목이 있다면 노트 필기를 꼭 하세요. - 경민

....

중학교
학부모 가이드

사춘기 대처법

. . .

사춘기의 뜻을 아시나요? 그 뜻을 어디선가 보고 선조들의 지혜에 감탄했던 기억이 납니다. 사춘기는 한자로 思(생각하다 '사'), 春(봄 '춘'), 期(기약할 '기')입니다. 글자 그대로 해석하면 '봄을 생각하는 것을 기약하는 것'입니다. 너무나 낭만적인 말 아닌가요? 봄을 생각하다니.

다시 생각해보면 '봄'은 새로운 시작을 의미합니다. 즉, 아이가 지금까지와 다른 새로운 시작을 하는 시기가 사춘기입니다. 당연히 지금까지 내가 보던 아이가 아닌 낯선 아이가 내 앞에 서 있을 수밖에 없습니다. '사춘기'가 뜻하는 의미와 내 눈앞에 보이는 아이는 큰 괴리가 있습니다.

▌ 사춘기 증상

사춘기 증상은 명확합니다. 아래의 체크리스트 중 두 가지 이상 해당하면 사춘기라고 생각하시고 마음 한쪽을 내려놓아야 합니다. 사춘기의 많은 증상 중 열 가지를 추려보았습니다.

첫째, 방문을 닫는다.

둘째, 아니꼬운 표정을 짓는다.

셋째, 너무 많이 잔다.

넷째, 핸드폰을 온종일 붙들고 있다.

다섯째, 욕을 한다.

여섯째, 온종일 거울을 본다.

일곱째, 너무 씻거나 안 씻는다.

여덟째, 정수리에서 냄새가 난다.

아홉째, 방이 돼지우리 같다.

열째, 화장실에 들어가면 소식이 없다.

단군신화의 이야기를 아시나요? 곰과 호랑이가 사람이 되고 싶어 환인에게 사람이 되게 해달라고 했더니 100일 동안 동굴에서 쑥과 마늘만 먹어야 한다고 했습니다. 그것을 견디지 못한 호랑이는 결국 사람이 되지 못했고, 그것을 참고 견딘 곰은 결국 사람이 됩니다. 아이도 어른이 되기 위해서는 곰처럼 참고 견디는 시기가 필요합니다. 문제는 사춘기는 곰처럼 100일 만에 사람으로 변하지는 못한다는 겁니다. 아이의 사춘기는 언제까지가 될지 모릅니다. 사춘기 기간은 부모도, 아이도 아이가 성장하는 동안 참고 기다려야 합니다.

그렇지만 살아보면 '봄'이 일 년 내내 지속되지 않는다는 것을 알 겁니다. 봄은 반드시 지나갑니다. 아이의 사춘기도 마찬가지입니다. '사춘기'라는 말처럼 '봄'을 생각하는 이때도 곧 지나갑니다. 단군신화의 웅녀처럼 기간이 명확하게 정해져 있지는 않지만, 언젠가는 짐승의 탈을 벗고 사람으로 변신하는 날이 옵니다.

▍ 누구나 시작하는 사춘기

지랄 총량의 법칙을 들어보셨나요? 사람이라면 누구나 평생 지랄을 하는 양은 비슷하다고 합니다. 그래서 한 사람이 인생에서 지랄하는 총량이 정해져 있다고 하는 것이 지랄 총량의 법칙입니다. 결국, 누구나 살면서 언젠가 제멋대로 행동하는 기간이 있다는 뜻이겠지요. 아이들에게는 그것이 '사춘기'라는 이름으로 시작되는 것 같습니다.

사춘기 시기는 점점 어려져서 요즘에는 초등 4학년, 5학년 때 사춘기를 겪는 경우도 많습니다. 기질적으로 순한 아이는 이런 사춘기도 대부분 수월하게 넘어가고 예민하거나 별난 아이는 사춘기도 힘들게 지나간다고 합니다. 하지만 확실한 건 이런 일은 누구나 인생 언젠가는 한번은(혹은 그 이상) 겪는 일이라는 겁니다.

중학교에 입학했을 때는 그렇지 않았던 아이들이 1학년 2학기 즈음 되면 눈빛이 변하기 시작합니다. 사춘기의 까칠함은 중학교 2학년 때가 최절정기지요. 오죽하면 중 2가 무서워서 북한도 침범하지 못한다고 할까요? 남학생 여학생 할 것 없이 친구 문제나 게임, 스마트폰 등 아이마다 다른 다양한 문제들로 부모님과 심하게 몸살을 합니다. 학부모 상담을 하다 보면 아이와의 갈등으로 눈물짓는 분들이 많습니다.

극단적인 경우이기는 하지만 공부를 잘하던 아이가 갑자기 공부에 손을 놓고 지필 평가에서 답지에 아무것도 쓰지 않고 백지로 내는 일도 있었습니다. 이 아이와 부모님 사이에 얼마나 많은 갈등이 있었을지는 짐작도 되지 않습니다.

이렇게 자신의 지랄 에너지를 학교에서까지 드러내기도 하지만 대부분 아이는 집에서는 지랄 총량의 법칙을 충실히 따르더라도 학교에서 선생님들에게는 다 드러내지 않습니다. 그러나 가정에서 있었던 여러 갈등이 곪아서 결국 학교에서도 드러나곤 합니다. 엄마들은 순했던 아이가 변한 모습이 당황스럽기도 하고 화도 나서 아이와 갈등합니다. 아빠가 개입하기도 합니다. 하지만 이 갈등의 끝은 없습니다. 어떻게 해야 하나 싶을 정도로 사이가 안 좋아지기도 합니다. 한편으로 생각해보면 한참 사춘기인 아이들은 자신의 심리도 이해되지 않을 텐데 사사건건 간섭하고 잔소리하는 어른들의 모습이 얼마나 불만스러울까 싶기도 합니다. 또 사춘기 특성상 자각하지 못하고 세 보이고 싶은 심리를 욕이나 비속어로 표현하기도 합니다. 실제로 아이들도 자기들끼리 있을 때는 그렇게 세게 이야기해도 막상 어른들 앞에서는 조심합니다. 자신들도 그런 표현들이 나쁜 것이라는 걸 이미 알고 있기 때문입니다.

▌ 아이를 보고 완급 조절하며 기다려주기

사춘기 아이들은 생각보다 말이나 행동이 먼저 나옵니다. 차분하게 생각하는 과정이 거의 없습니다. 오죽하면 사춘기 아이들의 뇌를 파충류의 뇌라고 표현하기도 합니다. 아이의 언행이 자신이나 누군가에게 영향을 줄 만큼 문제 있는 행동이라면 욕이나 그 행동을 지도하고 올바른 방향으로 가르쳐야 합니다.

하지만 아이의 그런 언행이 다른 사람에게 큰 영향을 미치지 않고, 어른들 앞에서는 그러지 않는다면 굳이 꺼내서 이야기하지 마세요. 때로는 모르고 넘어가는 것이 약이기도 합니다. 아이의 뇌는 아직도 자라고 있습니다. 뇌가 다 자라면 자신의 감정을 제대로 조절하기 시작할 것입니다. 아직은 뇌가 균형을 이루지 못하고 있을 뿐입니다. 곧 뇌 성장이 다하고 균형을 이루는 시기가 옵니다. 그때는 부모님의 진심을 알고 다시 원래의 다정한 아들딸로 돌아올 것입니다. 그때까지는 조금은 너른 마음으로 아이를 이해해주세요.

중학교 3학년이 끝날 때쯤이면 대부분 돌아오더라고요. 가정에서는 어떤지 모르겠지만 학교에서 살펴보면 사춘기가 거의 끝나가는 듯 반항적이고 짜증 가득했던 눈빛이 많이 부드러워져 있습니다. 졸업식 때 아이들을 보면 더욱 신기합니다. 졸업식 즈음 대부분 아이가 사춘기가 끝났는지 의젓한 모습을 보이기 때문입니다. 확실히 한창 사춘기를 겪을 때와 느낌이 매우 다릅니다.

제가 고등학교에 근무할 때, 상담할 때마다 아이들은 "선생님, 제가 중학교 때 왜 그랬는지 모르겠어요. 그때는 제가 진짜 정상이 아니었던 것 같아요"라고 했습니다. 중학교를 졸업하고 고등학교 간 아이들이 스승의 날 중학교에 와서 저희에게 제일 많이 하는 이야기도 "저 중학교 때 진짜 선생님들 너무 힘들게 했어요. 죄송해요"입니다. 아이들도 자신들이 중학교 때 정상 상태가 아니었다는 것을 아나 봅니다.

물론 모든 아이가 중학교 3학년이나 고등학생이 되어서 철이 드는 건 아닙니다. 하지만 많은 아이가 이때쯤 철이 드는 모습을 봅니다. 어쩌면 다른 아이들이 다 철이 드는 고등학교 때나 성인이 되어서 뒤늦게 사춘기가 오는 것보다 격렬하든 부드럽든 모든 아이가 사춘기를 겪는 중학교 때 겪는 것이 오히려 더 낫지 않을까 합니다.

많은 분이 사춘기가 시작된 아이들에게 아이를 바로잡겠다고 초등학교 때처럼 좋은 말로 달래보기도 하고, 화도 내보고 포기해보기도 합니다. 사춘기 아이를 제대로 키울 수 있는 다양한 방법을 사용합니다.

그러지 마세요.

언젠가 겪을 일이라면 한 살이라도 어릴 때가 낫다는 생각으로 조금만 기다려주세요. 최소한의 개입만 하고 아이 관점에서 아이를 바라보려고 노력해주세요. 특히 공부보다 아이가 좋아하는 관심사에 대해 함께 이야기하면서 이 시기가 지나가기를 기다려주세요.

▎사춘기라도 기본 질서는 잡아준다

단, 아무리 사춘기라 하더라도 예의에 어긋나는 것까지 다 눈감아주면 안 됩니다. 부모의 역할은 아이가 올바르게 자라게 하는 것입니다. 사춘기이지만 선을 넘는 언행에 대해서는 단호하게 대해야 합니다. 아이의 언행이 누군가에게 피해를 주고 문제가 된다면 무조건 눈을 감아주면 안 됩니다.

사춘기 때 가장 중요한 것은 기본 질서입니다. 사춘기 아이의 뇌 속에는 세상을 보는 체계가 새로 만들어지는 중입니다. 체계가 만들어질 때 기본 질서에 대한 개념이 제대로 잡혀야 성인이 되어서도 올바른 기본 질서를 지킬 수 있습니다.

혹시 아이가 욕이나 비속어를 사용하거나 약간의 일탈을 하더라도 부모가 생각하는 선을 넘지 않는다면 마음속으로 '안 보이는 데서는 나라님 욕도 한다는데' 하고 너그러이 이해해주세요. 이때 부모가 아이에게 생각하는 선의 범위는 너무 넓으면 안 되지만 너무 좁아서도 안 됩니다. 아이가 편안한 마음을 느낄 수 있을 정도로 여유가 있어야 합니다. 너무 넓은 울타리에서는 가이드가 없어 불안하고 너무 좁은 울타리에서는 아이가 성장하기 어렵습니다. 사춘기 아이와 가장 중요한 것은 관계 유지임을 꼭 기억하시고 보는 앞에서 욕을 하거나 문제가 되는 행동을 하는 것이 아니라면 아이를 이해하려 하거나 그런 말과 행동에 대해 생각하지 말고 유연하게 대처해주세요.

사춘기를 겪은 많은 분이 공통으로 이야기하는 것이 있습니다.

"옆집 아이처럼 생각해라."

우리는 옆집 아이가 뭘 하든 크게 관심을 두지 않습니다. 인사하면 '인사도 하네' 하고 기특하게 생각합니다. 그 아이가 뭘 잘하든 못하든 크게 신경 쓰지 않습니다. 내 아이에게도 그렇게 대해야 합니다. 물론 절대 말처럼 쉬운 일은 아닙니다. 하지만 아무리 노력해도 사춘기라는 봄바람은 막을 수 없습니다. 봄바람은 아이마다 다르게 붑니다. 누군가에게는 조금 세게 불고 또 누군가에게는 적당하게 붑니다. 강도는 다르지만 다 같은 봄바람입니다. 봄바람을 정면으로 맞지 마세요. 봄바람이 세게 분다 싶으면 피하고 다시 따뜻해질 날을 기다리세요.

엄마 아빠도 아이도, 엄마 아빠가 아이가 처음이라 모두 서툴 수밖에 없습니다. 서로 노력해야 합니다. 항상 더 사랑하는 사람이 약자입니다. 더 많이 사랑하는 부모님이 아이에게 조금 더 맞춰주세요.

학교 홈페이지와
학급 게시판 챙기기

• • •

혹시 학교 홈페이지에 들어가 본 적 있나요? 우리는 보통 학교 알림장 애플리케이션을 통해 안내받습니다. 그런데 학교 홈페이지에서 알림장 애플리케이션에서 볼 수 없는 많은 정보를 얻을 수 있습니다.

우선 학교 홈페이지에는 학교 소개란이 있어서 학교장의 인사말을 통해 학교의 분위기를 살필 수 있습니다. 학교 내력 및 각종 현황 등을 통해 학교의 역사, 학년별 학생 수, 교직원 수, 학교 시설 등에 대한 것도 알 수 있습니다. 그 외 학교 교육목표, 교기, 교화, 교목, 교가 등 학교에 대한 기본적인 것들도 알 수 있습니다. 하지만 이런 정보들은 아이의 학교생활에 크게 영향을 주지 않습니다.

▎학교 홈페이지에서 필요한 정보 얻기

그렇다면 학교 홈페이지에서 무엇을 찾아야 할까요?

학교 홈페이지 안에 과목별 평가 내용이나 평가 일시 등이 담긴 평가 계획, 각종 행사 계획 및 대회 계획, 수상 계획, 봉사 활동 계획 등 학교 생활과 관련된 각종 계획이 올라옵니다. 이런 내용은 가정통신문이나 알림장 애플리케이션을 통해서도 볼 수 있지만, 학교 홈페이지를 통하면 한눈에 보입니다.

이 내용을 잘 살펴보면 행사 일시, 행사 종류, 시상 인원수 등에 대해 알고 이를 준비할 수 있습니다. 그 외 각종 생활 규정이나 아이의 생활과 필요한 것, 체험학습 계획서와 보고서 같은 양식들도 있습니다. 또 학년별 교육과정이나 교과서 목록도 올라와 있어 올해 사용한 교과서를 버려야 하는지 버리면 안 되는지 등도 알 수 있습니다. 2~3년씩 사용하는 교과서도 있으니 무조건 교과서를 버리면 절대 안 됩니다(학년이 지나면 교과서를 다 버리는 아이들이 생각보다 많습니다). 그뿐 아니라 한 학기 한 권 읽기 목록이나 권장 도서 목록을 학교 홈페이지에 올리기도 합니다.

학교 홈페이지를 통해 학교행사를 찾아 미리 준비합니다. 학교행사에 소극적으로 참여하는 아이가 많습니다. 교내대회마다 시상 인원 비율이 정해져 있습니다. 대체로 참여 인원의 10%~20%의 인원에게 시상

합니다. 그래서 전교생을 대상으로 하는 대회의 경우(학교마다 조금씩 다르지만) 꽤 많은 아이가 상을 받습니다. 조금만 신경을 쓰면 상을 받을 가능성이 커집니다. 상을 받지 못하더라도 관련 과목의 선생님들이 교내대회 심사를 하는데, 적극적으로 교내대회에 참가하는 아이의 경우 그 아이의 적극성을 눈여겨 볼 수 있습니다.

최근 학교생활기록부에는 교내 상만 기록되고 교외 상은 기록되지 않습니다. 아이의 학교생활기록부를 챙기려면 학교 홈페이지를 보고 교내대회들을 준비하게 해주세요.

입학하면 각종 제출해야 할 서류 중에서 개인정보 동의서가 있습니다. 그 동의서에는 학교행사 사진에서 초상권이나 그 외의 각종 학교 운영과 관련된 데에 개인정보를 사용하는 것을 동의하겠다는 내용이 담겨 있습니다(행사 때마다 개인정보 동의를 받기는 힘듭니다). 한꺼번에 동의서를 받는데 이때 개인정보 동의서에 꼭 동의해주세요. 이 동의서가 있어야 학교 홈페이지 학교행사 사진이 올라갑니다.

▌ 게시판 챙기기는 아이의 몫

학교 홈페이지뿐 아니라 학급 게시판도 중요합니다. 학교 홈페이지에 있는 내용은 부모님이 챙길 수 있지만, 학급 게시판의 내용은 온전히 아이의 몫입니다.

중고등학교에서는 초등학교처럼 학급 게시판을 아기자기하게 꾸미지 않습니다. 뒤쪽의 게시판에는 학급시간표와 학급조직도, 각종 교육자료 정도만 있습니다. 사물함 때문에 뒤쪽 게시판이 아예 없기도 합니다. 칠판 옆의 게시판에는 각종 안내 사항이 가득 붙어 있습니다.

학급 게시판에는 동아리 모집 안내, 과목별 수행 평가 안내 등이 있습니다. 이 안내를 사진을 찍거나 메모해서 잘 챙기는 아이도 있지만 새까맣게 잊어버리거나 관심 없는 아이들도 많습니다. 엄마는 그런 수행 평가 준비물이 있었는지도 모르고, 각종 안내도 기간이 지나서 뒤늦게 아는 경우도 흔합니다. 학급 게시판을 보고 수행 평가나 과제를 그때그때 챙기거나 준비하게 해야 합니다. 평소 학급 게시판에 관심을 두고 자세히 봐야 수행 평가도 감점받지 않고 수업도 제대로 들을 수 있습니다.

중학생도 초등학생처럼 여러 번 이야기해야 합니다. 방금 설명했는데 손을 들고 설명한 내용과 똑같은 것을 질문하기도 합니다. 선생님도 사람인지라 반마다 똑같이 이야기하려 하지만, 반마다 이야기하다 보면 전달 내용이 조금씩 달라질 수 있습니다. 그래서 아예 똑같이 프린트를 만들어서 학급 게시판에 붙입니다. 동일한 내용으로 모든 반에 안내할 수 있기 때문입니다. 각종 대회나 공지 사항도 학교 홈페이지에 올리더라도 프린트해서 다시 학급 게시판에 붙입니다. 보통 종례 때 담임선생님이 안내 사항을 다시 이야기하고 강조하지만 챙기는 것은 아이 몫입니다.

1학년들은 아직 중학교 생활에 익숙하지 않아서 학급 게시판에 붙어 있는 각종 프린트를 보고 그냥 넘기는 경우가 많습니다. 2학년이 되어야 학급 게시판에 안내된 것들을 살펴보고 필요하면 메모하거나 핸드폰으로 사진을 찍으며 챙기기 시작합니다.

이 안내들은 무척 중요합니다.

평가 계획을 예로 들어보겠습니다. 학교 홈페이지에 지필 평가와 수행 평가의 비율, 횟수, 시행 월, 채점 기준 등 전체적인 평가 계획이 올라옵니다. 하지만 구체적으로 수행 평가를 어떻게 하는지, 며칠쯤 하는지 등의 구체적인 사항은 나오지 않습니다. 평가하기 위해서 필요한 준비물이나 반별로 정확한 수행 평가 날짜 등 서류로 작성하기는 애매하지만, 평가 때 꼭 필요한 것들이 있습니다. 저의 경우 글쓰기 수행 평가를 할 때 실제 시험지를 샘플로 붙여놓습니다. 아이들이 실제 수행 평가할 시험지를 보고 준비할 수 있도록요. 이런 구체적인 내용이 선생님의 설명과 함께 정리되어서 학급 게시판마다 붙습니다.

학교 홈페이지에 올라오는 내용도 중요하고 학급 게시판도 중요합니다. 아이가 수업 시간에 제대로 잘 듣고 학급 게시판을 늘 예의 주시해야 합니다. 그래야 필요한 것들을 잊지 않고 챙길 수 있습니다.

▌ 과목별 안내 사항 챙기기

담임선생님 한 분이 관리하던 초등학교와 달리 중학교는 각기 다른 과목 선생님이 수업합니다. 그래서 중학교는 과제나 수행 평가 내용, 방식이 과목별로 다양할 수밖에 없습니다. 담임선생님도 다른 과목의 사정을 다 알 수 없습니다. 그 수업을 듣는 아이들이 스스로 챙겨야 합니다. 과목 선생님도 한 반만 수업하는 것이 아니기에 학급 게시판을 많이 활용하는 편입니다. 학급 게시판은 정말 중요합니다. 아이에게 항상 학급 게시판을 잘 챙기라고 귀띔해주세요.

출결 챙기기

. . .

(1) 지각, 조퇴, 결석

지각, 조퇴, 결석할 때, 선생님께 미리 말씀드리면 지각, 조퇴, 결석 처리가 되지 않을까요? 아닙니다. 선생님께 미리 말씀드렸는데 성적표 출결란에 결석으로 그어져 있다고 하는 분들이 있습니다. 지각, 조퇴, 결석은 그대로지만 미리 이야기해서 그 사유가 달라질 뿐입니다.

출결과 관련된 용어로 지각, 조퇴, 결과, 결석이 있습니다. 각각의 용어를 간단히 설명하면 지각은 학교에 정규 등교 시간보다 늦게 오는 것입니다. 1교시를 마치고 등교하든 3교시를 마치고 등교하든 학교장이 정한 등교 시간보다 늦게 등교하는 경우는 모두 지각입니다. 조퇴는 등교 시간에 등교는 했지만, 학교장이 정한 시간보다 빨리 하교하는 것입니다. 결과는 등교 시간과 하교 시간에 등교하고, 하교하였으나 수업 시간에 해당 교실에 없는 것입니다. 보통 체육 시간이나 쉬는 시간에 다치거나 몸이 안 좋아서 보건실에 가거나 상담실에 가는 것도 엄밀하게 말하면 결과입니다. 마지막으로 결석은 등교 시간부터 하교 시간까지 학교에 학생이 오지 않는 것을 뜻합니다.

▌ 미인정과 인정

'지각', '조퇴', '결과', '결석'의 사유를 '미인정', '출석 인정', '병', '기타'로 결정합니다. 한마디로 지각, 조퇴, 결과, 결석이라는 용어와 미인정, 출석 인정, 병, 기타라는 용어를 결합하여 출결이 표시됩니다.

미인정은 말 그대로 인정하지 않는다는 것입니다. 과거에는 무단이라고 썼는데 어감이 좋지 않다고 여겼는지 언젠가부터 미인정이라는 용어로 바뀌었습니다. 미인정 지각은 학교에서 인정하지 않는 지각, 미인정 조퇴는 학교에서 인정하지 않는 조퇴라고 보면 됩니다. 학교에 자신의 출결과 관련된 상태를 알리지 않고, 지각이나 조퇴, 결과, 결석을 하게 되면 각각 미인정 지각, 미인정 조퇴, 미인정 결과, 미인정 결석이 됩니다. 미인정일 경우는 고입을 위한 내신 성적을 산출할 때 출결 부분에서 감점될 수 있습니다.

출석 인정은 미리 학교에 고지하고 관련 서류 등을 제출하여 학교장의 승인을 받고 지각, 조퇴, 결과, 결석을 하는 것입니다. 중요한 것은 '미리' 학교에 알려야 하고 '관련 서류'가 있어야 하며, '학교장의 승인'을 받아야 한다는 것입니다. 세 가지 조건을 다 충족해야 하니 쉽지 않습니다. 학교에 정식으로 공문이 와서 그 공문을 근거로 미리 학교장의 승인을 받고 나가는 대회나 시험, 체험학습이 이에 해당합니다. 체험학습 역시 첫 번째 조건인 '미리' 체험 계획서를 제출해야 합니다. '미리'가 의미하는 날짜의 기준은 학교마다 다를 수 있습니다. 대부분 일주일에서 사흘 이내로 정해져 있습니다. 체험학습을 다녀와서도 일주일 이내에 보고서를 제출해야 합니다. 출결은 곧 점수이기 때문에 기한을 잘 지켜야 합니다.

코로나19로 선별진료소에 검사받으러 가거나 자가 격리하는 것도 출석 인정이 됩니다. 이 경우 서류를 미리 제출하는 것이 불가능합니다. 담임선생님에게 연락만 하고 선별진료소에 방문해서 진료·검사를 받습니다. 결과에 따라 확진되었으면 입원 치료통지서, 본인이나 동거인의 격리통지서를 받으면 본인이나 동거인의 격리통지서, 의심 증상으로 검사를 시행하였으면 검사를 증빙할 수 있는 문자 통지 사본 등이 필요합니다. 서류를 갖추면 코로나19로 인한 결석도 출석을 인정받습니다.

▌질병

병의 경우는 병으로 인한 지각, 조퇴, 결과, 결석 등에 해당합니다. 원칙적으로 보건실에 아파서 한 시간가량 있으며 수업에 참여하지 않는 경우는 병 결과입니다. 병 지각일 경우는 일과 전 학부모님이나 학생이 담임선생님에게 연락해야 합니다. 미리 연락하지 않으면 선생님으로서는 미인정 지각으로 생각할 수밖에 없습니다.

저의 경우 아침에 출근 준비, 아이 등교 준비를 하느라 정신이 없기에 전화로 연락을 받는 것보다 문자로 연락을 받는 것이 더 좋습니다. 사유가 명확하게 기록으로 남아 있어서 확인하기도 편합니다. 담임선생님마다 선호하는 연락 방법이 있으니 미리 알아두는 것이 좋습니다.

병 조퇴는 학교에서 아이가 다치거나 아플 경우 하교 시간까지 있지 못하고 하교하는 것입니다. 담임선생님이 보호자에게 연락하여 아이 상황에 관해 설명하고 반드시 보호자가 조퇴를 허락할 때만 병 조퇴가 가능합니다. 부모님과 연락되지 않거나 허락하지 않으면 조퇴시킬 수 없습니다. 병의 경우 부모님의 확인, 병원 확인서나 약 봉투 등의 근거 서류를 제출해야 합니다(양식은 학교 홈페이지에 게시되어 있습니다. 출력하거나 담임선생님께 받으면 됩니다).

▌기타

기타인 경우는 드뭅니다. 정확하게 근거를 들 수는 없지만 어쩔 수 없이 출결에 영향을 줄 경우, '미리' 담임선생님이 학교장 허락을 받는 것입니다. 기타의 경우는 전적으로 학교장의 책임이 따르기 때문에 기타로 쉽게 처리하지 못하며, 부모나 가족 봉양, 가사 조력, 간병 등 부득이한 개인 사정이나 기타 합당한 사유에 의해 아이가 정말 학교에 가고자 하는 의지가 있으나 학교에 갈 수 없는 경우에 사용합니다. 게다가 이 사유는 누구나 들었을 때 타당해야 합니다. 쉬운 일은 아니겠죠.

▌고입에 반영되는 출석 점수 관리하기

미인정은 내신 성적의 감점으로 연결됩니다. 미인정 결석은 감점, 미인정 지각, 조퇴, 결과는 3회가 미인정 결석 1회와 같은 점수로 감점됩니다. 미인정을 제외한 나머지 출결 사항은 기록은 되지만 내신 성적이 감점되지 않습니다(지역에 따라 미인정 지각, 조퇴, 결과도 감점이 되기도 한다고 하니 확인을 해보는 것이 좋습니다).

중학교 3년간 학교생활을 점수로 환산하여 내신 성적을 산출합니다. 이 내신 성적이 고입에 반영됩니다. 출결은 내신 성적 산출의 기준 중 하나입니다. 출결을 정확하게 하지 않으면 내신 성석 조작과 같아 담임선생님들도 출결을 꼼꼼하게 확인합니다.

코로나19로 인해 온라인 수업을 시행하면서 출결 문제가 많이 발생했습니다. 녹화 수업의 경우 나중에라도 듣기가 가능했는데 실시간 수업은 수업 시간 외에 수업을 듣는 것이 불가능합니다. 부모님이 출근하면서 아이를 깨워 놓았는데 다시 잠들어서 미인정 지각이나 미인정 결과가 되는 경우가 부지기수였습니다. 처음 한두 번은 수업 중에 전화해서 깨우기도 하지만 수업을 듣는 다른 아이들이 있는데 매번 전화해서 깨우기 쉬운 일이 아닙니다. 미인정 결과나 지각이 되어 속상하겠지만 이미 지나간 일입니다. 그런 일이 발생했을 때 아이를 잘 다독여서 다음에는 그런 일이 없게 하는 것이 최선입니다.

(2) 체험학습

중학생도 체험학습을 많이 합니다. 특히, 날씨가 좋은 봄과 가을은 가족과 함께 여행을 가기 제일 좋은 시기이죠. 그뿐 아니라 가족의 제사나 기타 다양한 사유로도 체험학습을 많이 쓰는 편입니다. 체험학습은 초·중등교육법 시행령 제48조 5항, 「학교생활 기록 작성 및 관리지침」 학교생활기록부 기재 요령에 따라서 허용됩니다.

물론 체험학습 신청서를 제출했다고 무조건 체험학습이 허가되는 것은 아닙니다. 학교에서 학교 교육과정 운영에 지장을 주거나 체험학습 목적에 부합되지 않는다고 판단하면 체험학습을 허가하지 않을 수도 있습니다.

체험학습 기간에 주말은 제외됩니다. 등교일만 출석으로 계산하며 인정합니다. 즉, 중간에 토요일이나 일요일, 휴일이 끼어 있다면 그날은 체험학습 날짜로 넣지 않는 것이죠. 체험학습 허용 기간은 학교마다 다르므로 반드시 학교에 문의합니다. 학교에서 인정하는 출석 인정 날짜보다 체험학습을 더 길게 쓰면 출석 인정 가능 기간까지만 출석을 인정하고, 이후부터 미인정 결석입니다. 체험학습 인정 기간을 반드시 확인하세요.

체험학습을 할 때는 반드시 보호자와 동행해야 합니다. 보호자가 동행하지 않으면 체험학습이 인정되지 않을 수 있습니다. 만일 보호자가 아닌 대리 인솔자가 있으면, 대리 인솔 위임장을 보호자가 제출해야 합니다. 이때 보호자, 또는 대리 인솔자는 반드시 성인이어야 합니다. 체험학습을 쓰는 것은 초등학교 때와 다르지 않습니다. 하지만 중학교는 출석이 곧 내신 성적과 연결되기 때문에 체험학습을 쓸 때는 원칙에 맞게 써주세요.

▌체험학습 관련 서류 날짜 지키기

체험학습을 하러 가기 위해서는 체험학습 계획서를 써서 제출해야 하는데 일주일에서 사흘 전까지 미리 제출해야 합니다. 체험학습을 다녀와서도 체험학습이 끝나는 날을 기준으로 일주일(7일) 안에 체험학습 보고서를 써야 합니다.

체험학습은 계획서와 보고서가 한 세트입니다. 체험학습 보고서까지 써야 체험학습으로 인정받습니다. 체험학습 계획서만 쓰고 체험학습 보고서는 쓰지 않으면 서류를 제대로 갖춘 것이 아니라 출석으로 인정하기 어렵습니다. 매달 말일 월 출결을 마감하는데 체험학습 보고서를 제출하지 않으면 미인정 결석으로 출결이 마감될 수 있습니다.

체험학습 보고서를 쓸 때는 간단하게 쓰기보다 일정이 드러나게, 아이의 생각이나 느낌 위주로 씁니다. 학교마다 조금씩 다른데 깐깐하게 보는 학교에서는 학생의 얼굴이 나온 사진이나 입장권 등의 정확한 증거가 나온 첨부 자료를 요구하기도 합니다. 승선권이나 항공권, 입장권을 붙이면 좋고, 아이의 얼굴이 있는 사진까지 붙이면 훌륭한 체험학습 보고서가 됩니다.

▌ 체험학습 불가 기간

여기까지는 초등학교 때 썼던 체험학습과 크게 다르지 않습니다. 그런데 중학교부터는 체험학습을 쓸 때 반드시 유의해야 할 것이 있습니다.

그것은 바로 체험학습 불가 기간입니다. 중학교는 출결까지 내신 성적에 들어간다는 말을 기억할 겁니다. 출석 인정이 되는데 무슨 말이냐 할 수 있습니다. 내신 성적에 가장 큰 영향을 미치는 것이 있습니다. 그것은 바로 지필 평가입니다. 지필 평가와 관련된 기간은 체험학습 불가 기간입니다. 자유학기제는 성적을 산출하지 않아 성적 관련 체험학습 불가 기간이 크게 상관없습니다. 하지만 지필 평가를 치는 학년이 되면 체험학습 날짜를 정할 때 지필 평가 날짜를 고려해야 합니다. 대부분 지필 평가를 치는 날부터 그 이후 대략 2주간은 체험학습 불가입니다. 지필 평가 후 선생님들은 수업 시간에 어떻게 서술형 문제의 답을 채점했는지 서술형 채점 기준을 설명합니다. 그 후 한 명씩 나와서 자신의 답과 점수를 확인합니다. 모든 학생이 서술형 점수를 확인하면 학교생활기록부에 입력합니다. 그 점수가 제대로 입력이 되었는지 여러 차례 학생 확인 과정을 거칩니다. 성적은 한 번에 마무리하는 것이 아닙니다. 과목마다 여러 차례 성적 확인이 이루어집니다. 이 기간을 성적 이의 신청 기간이라고 하는데 이 기간에 아이들에게 성적을 몇 번이고 확인합니다. 이 기간이 지나고 나면 사실상 성적에 대한 이의를 받아들이기 힘듭니다. 이 성적 이의 기간에는 대부분 체험학습을 인정하지 않습니다.

어학연수나 학원 수강으로 인한 결석도 체험학습으로 인정하지 않습니다. 중학생보다 고등학생 때문에 생긴 규정이나 예체능 학원도 체험학습으로 인정되지 않는다는 점을 기억해두면 좋겠습니다.

비공식적이지만 체험학습을 권하지 않는 기간도 있습니다(공식적인 곳도 있습니다). 지필 평가 2~3주 전부터 지필 평가 전날까지입니다. 진도 나가는 틈틈이 시험 범위 내용을 다시 정리하고, 각종 평가 팁을 안내하기도 합니다. 지필 평가를 잘 치고자 한다면 이 기간을 놓치면 안 됩니다.

또 중요한 기간이 수행 평가 기간입니다. 과목마다 수행 평가를 치는 시기도 다르고 수업에 참여하지 않았을 때 대체 계획도 있습니다. 그래도 같은 날짜에 같은 수행 평가를 치는 것이 아이에게도 선생님에게도 서로 좋지 않을까 싶습니다. 그렇지 않으면 번거롭기도 하고 다른 아이들의 수행 평가 내용을 따라가느라 정신이 없을 것입니다. 미리 과목별 수행 평가 기간을 알아보고 그 기간을 제외하고 체험학습 쓰기를 추천합니다.

중학생이 되면 체험학습을 신청하기도 쉽지 않죠? 그래도 해마다 체험학습을 쓰는 아이들이 있습니다. 체험학습도 아이들에게 충분히 좋은 교육입니다. 기간만 잘 맞으면 체험학습도 좋다고 생각합니다.

아마 학교 홈페이지를 찾아보면 체험학습 신청서와 보고서가 있을 것입니다. 이것을 출력해서 사용하세요. 페이지 수는 상관없습니다. 1페이지만 작성해도 되고, 2페이지 이상 작성해도 됩니다. 체험학습 신청서와 보고서는 컴퓨터로 작성해서 제출해도 되고, 손으로 써서 제출해도 됩니다. 공문서이니 깔끔하게 써서 제출하면 됩니다(프린트가 힘들면 담임선생님께 부탁하면 됩니다).

보고서와 신청서를 제출할 때 주의할 내용도 보고서 양식에 함께 나와 있으니 참고합니다.

다음 표는 제가 근무하는 학교의 양식입니다. 주의사항 중 괄호 안에 표시된 날짜는 학교마다 다릅니다.

<서식 1>

「학교장 허가 교외체험학습」 신청서

담임	부장	교감

성 명		학년 반 번		휴대 전화	
본교 출석인정기간 연간( )일	신청 기간	20 년 월 일 ~ 월 일( )일간			
	우리 학교 학교장 허가 교외체험학습 세부 규정 및 불허기간 확인 ※ 필요시 담임교사와의 사전 협의 또는 문의			(O, X)	
학습형태	•가족동반여행( ) •친인척 방문( ) •답사·견학 활동( ) •체험 활동( ) •가정학습( )				
목적지			숙박장소 (숙박시)		
보호자명		관계		휴대 전화	
목 적					
교외 체험 학습 계획					

위와 같이 「학교장 허가 교외체험학습」을 신청합니다.

20 년 월 일

보호자 : (인)

학생 : (인)

○○중학교장 귀하

------------------------ (이하 담임 작성) -----------------------

「학교장 허가 교외체험학습」통보서				
성명			학년 반	학년 반 번
본교 출석인정기간 연간( )일	신청기간	20 년 월 일 ~ 월 일( )일간		
	허가기간	20 년 월 일 ~ 월 일( )일간		
금회까지 누적 사용기간 ( )일	위와 같이 허가 처리되었음을 알려 드립니다. 20 . . ○○중학교 ( )학년 ( )반 담임교사 : (인) 보호자님 귀하			

※ 신청서 제출 기한은 (3)일 이전까지, 보고서 제출 기한은 (7)일 이내까지 제출하셔야 합니다.

※ 학교장 허가 교외체험학습에 따른 우리 학교의 출석 인정 일수는 연간 (10)일입니다.

　단, 감염병 위기경보 단계가 경계 또는 심각 단계인 경우(20)일 이내의 범위에서 '가정학습'을 추가로
허가합니다.

※ 보호자가 신청서를 제출하고 담임교사로부터 허가 여부 확인 후 실시해야 함.

<서식 2>

「학교장 허가 교외체험학습」 결과보고서

	담임	부장	교감

성 명		학년반	제 학년 반 번
교외체험학습 기간		20 년 월 일 ~ 월 일 ( )일간	
교외체험학습 장소			
학습형태	•가족동반여행( ) •친인척 방문( ) •답사·견학 활동( ) •체험 활동( ) •가정학습( )		
목 적			

* 각 일정별로 느낀 점, 배운 점 등을 글, 그림 등으로 학생이 직접 기록합니다.
(필요시 사진 등은 뒷면 부착)

위와 같이 「학교장 허가 교외체험학습」 결과보고서를 제출합니다.

20 . . .

보호자 :   (인)

학생 :   (인)

○○중학교장 귀하

※ 보고서 제출 기한: 체험학습 종료 후 (7)일 이내

<서식 2-1>

「학교장 허가 교외체험학습」 결과보고서(별지)

성 명		학년반	제 학년 반 번

* 각 일정별로 느낀 점, 배운 점 등을 글, 그림 등으로 학생이 직접 기록합니다.
(필요시 사진 등은 뒷면 부착)

아이 공부에
가장 큰 적은 부모

• • •

아이가 공부에 대해 가지는 마음가짐이나 공부를 하는 자세도 중요하지만, 더 중요한 것이 있습니다. 그것은 바로 부모입니다. 부모의 조급함이 아이 공부의 가장 큰 적입니다.

아이가 다니는 학원이나 공부하는 방법을 정하면 처음 한두 달은 아이도, 엄마도 열심히 합니다. 하지만 두세 달이 지나고 나면 아이는 그 패턴에 익숙해집니다. 익숙해지면 나태할 가능성이 큽니다. 아이가 나태해지고 공부한 결과가 나오지 않는 것 같으면 학원이나 공부 방법을 바로 바꾸는 경우를 봅니다. 시험을 치고 시험 결과가 좋지 않아도 바로 학원을 바꾸기도 합니다. 하지만 이 방법은 좋은 방법이 아닙니다.

▌ 시작했으면 꾸준하게 하기

저는 무엇을 하든 꾸준하게 해야 한다고 생각합니다. 독서를 습관화하려고 해도 최소 1년 이상 꾸준히 옆에서 지켜봐 줘야 합니다. 학원에 다니거나 공부 방법을 익히는 것도 마찬가지입니다. 최소한 1년 이상은 다녀야 아이의 실력을 알 수 있습니다. 그 시스템에 익숙해지는 데도 시간이 필요하고 그 방법을 자기 것으로 만드는 데도 시간이 필요합니다.

습관을 만드는 데 대략 100일이 소요된다고 합니다. 아이가 학원이나 공부 방법에 적응해서 습관을 잡는 데 최소 석 달은 기다려야 합니다. 아이에게 무언가를 시키면 1년 이상 옆에서 지켜봐 주세요. 이때 아이의 상황을 꾸준히 체크해야 합니다. 수학 학원에 다닌다면 아이 교재를 보면서 제대로 풀고 있는지, 수학은 몇 점이나 받는지, 수업을 얼마나 잘 따라가는지를 꾸준히 체크해야 합니다. 1년 이상 꾸준히 해보고, 아이가 학원이나 공부 방법에 적응을 잘하는 것 같으면 계속 보내고, 적응하지 못하는 것 같으면 아이의 성향에 맞는 곳을 찾아보세요. 아이의 수준을 꾸준히 체크하면 느낌이 올 겁니다. 적응을 잘하고 있는지 아니면 그냥 따라가고만 있는지.

어떤 분은 일부러 학원비 결제일이 되면 본인이 직접 카드를 가지고 학원에 간다고 합니다. 원장선생님과 만나서 아이가 어느 정도로 따라가고 있는지 물어보고 아이의 이해도 등을 학원에서 어느 정도 파악하고 있는지도 문의하고, 학원에 요구할 부분을 꼼꼼하게 다 이야기하고 온다고 합니다. 다음 달에 학원비 결제를 하러 가서 자신의 요구가 반영되었는지 확인하고 새로운 것을 다시 요구하고 오고요.

그렇게 하기는 쉽지 않습니다. 하지만 아이가 어느 정도 수준인지 확인하는 과정은 꼭 필요합니다. 아이가 공부하고 있는 문제집을 보고 아이의 이해 정도를 체크합니다. 일주일에 한 번 정도 학원에서 무얼 배웠는지 아이와 이야기를 나누어야 합니다.

중학교 2학년 이상 아이들의 경우에는 공부에 눈뜨기 시작해서 자기 생각을 이야기하기도 하지만 대부분은 그냥 학원에 다니는 경우가 많습니다. 계속 옆에서 아이가 공부를 제대로 하고 있는지 확인해야 합니다. 아이와 대화하기 위해서는 아이와의 좋은 관계가 전제되어야 하고요.

▌조급한 마음 갖지 않기

아이가 부모의 마음에 들 정도로 공부를 잘할 수도 있지만 그렇지 못한 경우가 더 많습니다. 2학년 담임을 할 때마다 항상 첫 중간고사 성적을 받은 부모님들이 속상해한다는 이야기를 듣습니다. 아이들도 자기 성적이 믿기지 않는 듯 거듭 성적을 확인합니다. 엄마한테 죽었다며 걱정하면서 성적표를 집으로 가져갑니다.

아이가 공부하는 것이 기대에 미치지 못하면 속상할 수밖에 없습니다. 하지만 엄마의 이런 마음을 아이에게 내색하지 않아야 합니다. 아이가 엄마의 속상함이나 조급한 마음을 느끼면 아이 역시 공부하면서 조급함을 느끼거나 마음이 불편해져서 공부를 멀리할 수 있습니다.

백조는 물 위에서는 우아하게 헤엄치는 것처럼 보이지만 물 아래의 발은 끊임없이 움직여야 그 우아함을 유지할 수 있다고 합니다. 엄마도 백조처럼 보이지 않는 수면 아래에서 발을 끊임없이 움직이고 있더라도 수면 위의 모습은 우아하고 여유롭고 느긋한 모습을 보여주세요. 그리고 중학교 성적에 일희일비할 것이 아니라 고등학교 때까지 길게 보고 천천히 아이의 공부를 살펴주세요.

❘ 공부 환경 정리하기

아이의 공부 환경도 정리해주세요. 공부할 때 제일 먼저 할 것은 공부 장소를 정하는 것입니다. 공부 환경이 바뀌면 그 환경에 적응하는 데 많은 시간이 소요됩니다. 되도록 공부 장소를 한 곳으로 정해서 익숙한 분위기에서 공부하는 것이 좋습니다. 아이 방이나 거실 등 아이가 꾸준하게 공부할 곳을 마련해주세요.

요즘은 많은 아이가 스터디 플래너를 만들어서 공부 계획을 세웁니다. 스터디 플래너를 사용하면 훨씬 체계적으로 공부할 수 있다는 장점이 있습니다. 스터디 플래너를 예쁘게 꾸미는 데에만 집착하는 경우도 있으니 그 점도 유의해야 합니다. 스터디 플래너는 요즘 많은 곳에서 팔고 디자인도 다양한 편입니다. 아이 마음에 드는 디자인으로 골라주세요.

처음부터 학습 계획을 완벽하게 세울 수는 없습니다. 계획을 세우고, 시행착오를 겪으면서 수정하는 과정에서 자신에게 맞는 학습 계획을 만듭니다. 초등학교 때부터 공부 계획을 세우는 연습을 하면 좋겠지만 그렇게 하지 못했다면 중학교 때부터라도 공부 계획을 세울 수 있도록 해줘야 합니다. 요즈음에는 유튜브나 블로그, 인스타 등에 공부 방법에 관한 이야기가 많이 올라오니 그런 것들을 통해 공부 동기를 마련하거나 공부 방법을 생각하게 하는 것도 좋습니다.

아이 스스로 길을 찾을 때까지 절대 엄마가 먼저 옆에서 초조해하거나 조급해하지 마세요. 아이 옆에서 믿고 지켜봐주는 것이 공부를 위한 최고의 방법입니다.

담임선생님과
소통하기

• • •

담임선생님과 소통을 잘하는 편인가요? 담임선생님과 부모님은 아이를 키우는 중요한 두 축입니다. 집에서의 모습과 또래 친구들과 함께 있을 때의 모습은 다를 수 있습니다. 학교에서 아이의 모습을 가장 가까이서 살피는 사람은 담임선생님입니다. 담임선생님과 긴밀하되 긍정적이고 신뢰할 만한 관계를 유지해야 합니다. 긍정적인 신뢰가 바탕이 되어 소통해야 아이를 위해 발전적인 방향으로 의논할 수 있습니다.

▌담임선생님과 소통 방법

담임선생님과 소통하는 방법은 전화 통화 등의 간접 소통 방법과 대면하는 직접 소통 방법, 두 가지가 있습니다.

학교에서 부모님께 전화하는 경우는 보통 아이에게 문제가 생겼을 때입니다. 아프거나 다쳤거나 사고를 쳤을 때입니다. 그 때문에 부모님들은 학교 전화번호가 뜨면 엄청나게 긴장합니다. 사실 교사인 저도 마찬가지입니다. 수업을 다녀왔는데 핸드폰에 담임선생님 부재중 전화가 와 있으면 저도 모르게 긴장됩니다. 무슨 일이 있나 하구요. 그래서 되도록 학교에서 부모님께 전화를 드리지 않는 편입니다.

그런데 학부모님들은 담임선생님에게 연락해야 할 일이 종종 있습니다. 아이가 아프거나 일이 생기면 전화나 문자 등을 이용합니다.

저의 경우 아침 시간은 전화보다 문자가 편합니다. 저의 출근 준비와 아이의 등교 준비를 하는데 전화 통화를 하면 시간에 쫓기기도 하고 문자를 받아야 나중에 다시 확인할 때 아이의 지각, 조퇴 등의 사유가 분명하게 기록으로 남아 있기 때문입니다. 전화를 받았을 경우 정신없는 와중에 "네, 네" 하고 대답은 했는데 나중에 그때 했던 대화가 생각나지 않는 일도 있습니다.

▌담임선생님과 연락 방법

물론 아침에 갑자기 연락해야 하는 경우가 아니라면 전화 통화가 더 좋다고 생각합니다. 아무래도 글자에는 말을 하는 사람의 분위기가 전달되지 않기 때문에 오해의 소지가 있을 수 있습니다. 전화를 하면 아무래도 글자에 담기지 않은 것까지 전할 수 있습니다.

선생님들은 수업 시간 중간의 공강 시간(강의가 없는 시간)에 업무를 처리합니다. 이 공강 시간에도 전화 통화가 가능합니다. 그래서 대부분 공강 시간이나 방과 후에 약속 시각을 잡아 학부모님과 담임선생님이 전화나 대면으로 대화합니다.

물론 모든 담임선생님이 저와 똑같지는 않을 것입니다. 하이클래스, 전화, 문화, 클래스팅 등 선생님마다 선호하는 다양한 연락 방법이 있습니다. 학기 초에 연락 방법에 대한 안내가 나갑니다. 그에 따라 담임선생님이 선호하는 방법으로 연락하면 됩니다.

▌서로 예의 지키기

소통할 때는 서로 예의를 지켜야 합니다. 선생님도 예의를 지키고 부모님도 예의를 지켜야 합니다. 부모님이 선생님의 권위를 인정하지 않으면 아이도 무의식중에 비슷하게 생각할 수 있습니다. 이런 생각은 아이의 학교생활에도 부정적 영향을 미칩니다.

또 급한 일이 아니라면 너무 늦은 시간이나 이른 시간에 연락하는 것은 자제하는 것이 좋습니다.

상담 기간에만 상담을 하는 것은 아닙니다. 언제든 필요할 때 아이에 대해 의논하고자 하면 담임선생님들은 언제나 환영입니다. 미리 연락해서 약속을 정하고 담임선생님과 서로 예의를 갖추며 아이의 발전을 의논해보세요.

서로 예의를 지키고 배려하는 태도를 지닌다면 일 년간 담임선생님과 부모님은 큰 두 개의 축이 되어 아이의 성장과 발전을 이끌어나갈 것입니다.

선생님과 상담 요령

· · ·

1, 2학기에 한 번씩 2회의 상담주간이 있습니다. 상담이 필수는 아닙니다. 상담 대상도 꼭 담임선생님일 필요 없습니다. 진로 선생님, 담임선생님, 상담하고 싶은 과목 선생님 누구와도 상담이 가능합니다. 중학교는 초등학교보다 상담을 많이 신청하지 않는 편입니다. 그런데 담임선생님 입장에서는 부모님의 얼굴을 뵙고 이야기를 나누고 나면 아이를 더 잘 이해할 수 있습니다. 문제 있는 아이의 부모님만 상담하는 것이 아닙니다. 전화로라도 일 년에 한 번 정도는 담임선생님과 학부모님의 대화 시간이 필요합니다.

▌의논할 내용 미리 생각해서 정리하기

그렇다면 담임선생님과 무슨 이야기를 나누면 좋을까요? 상담을 하려면 담임선생님과 무슨 말을 해야 할지 걱정도 되고 실수할까 봐 긴장도 될 겁니다. 그러나 긴장할 필요 없습니다. 상담 기간에 담임선생님들은 많은 학부모님을 만나 상담을 합니다. 물론 상담을 할 때는 아이 개개의 특성에 대해 상담하고 이야기를 나눕니다. 하지만 많은 부모님과 상담하기 때문에 시간이 지나고 나서 부모님들의 작은 실수는 전혀 기억하지 못합니다. 대화를 하다 보면 자연스럽게 대화가 이어지니 편안한 마음으로 상담하면 됩니다.

그래도 상담하기 전에 아이에 대해 의논할 내용을 생각해놓으면 상담 시간을 조금 더 알차게 사용할 수 있습니다. 어떤 내용을 상담하면 좋을까요?

다음 표를 보고 상담 때 어떤 이야기를 나눌지 생각해보세요. 몇 가지의 의논할 내용을 이야기하면 선생님이 대답해줄 겁니다. 대답을 듣다 보면 궁금한 것이 생기거나 질문할 것들이 생각납니다. 그런 궁금함을 자연스럽게 질문하면 됩니다. 선생님들은 많은 데이터를 갖고 있기 때문에 객관적인 데이터로 잘 풀어줄 겁니다.

만일 상담할 때 선생님이 아이에 관해 다소 좋지 않은 이야기를 하더라도 속상해하지 마세요. 결코 부모님을 공격하기 위해서가 아닙니다.

부모님과 선생님은 아이를 잘 키우고자 하는 공동 목표를 가진 협력자입니다. 엄마가 보지 못하는 부분을 객관적으로 보고 아이가 더 잘되기를 바라는 마음으로 이야기하는 것입니다. 부디 속상하게 듣지 말고 학교와 가정에서 어떻게 지도해야 할지 의논해서 아이를 잘 키우는 방법을 의논해주세요.

1학기 상담 (주로 부모님이 이야기)		2학기 상담 (주로 선생님께 질문)	
생활 측면	• 우리 가정 분위기 • 아이 건강 상태 • 부모가 보는 아이 교우관계 • 아이의 생활 관련 고민	교우 관계	• 가장 친하게 지내는 친구 • 학급에서의 모습 • 다른 아이에게 피해 주지 않는지 • 친구 관계에서 개선할 부분
학습 측면	• 지금까지 학습 태도 • 부모의 교육관, 공부관 • 가정 내 공부 방법, 학습 환경, 학습 시간 • 학원이나 과외 여부 • 아이의 진로 로드맵 • 아이의 학습 관련 고민	학업 태도	• 수업 시간 집중 정도 • 봉사, 출결, 수행 등에 대해 궁금한 점 • 부족한 과목 공부 방법
		학교 생활	• 선생님 말씀 잘 듣는지 여부 • 1학기 때와 달라진 점
건의 사항	일 년 동안 건의하거나 부탁하고 싶은 이야기	진로	• 입시에 대해 궁금한 점 • 진로를 결정했다면 : 아이의 진로 로드맵 설명하고 도움 요청 • 진로를 결정하지 못했다면 : 아이 성적에 따라 고등학교 추천 요청
		건의 사항	남은 기간 건의하고 싶은 이야기

(1) 생활 상담 요령

물론 상담을 하다 보면 생활 상담과 학습 상담을 완전히 분리할 수 없습니다. 그래도 상담을 하기 전에는 나눠서 어떤 내용을 상담할 것인지 생각하면 상담할 내용이 더 잘 생각날 것입니다.

▎1학기 상담 : 학부모 주도

1학기는 담임선생님과 아이들이 만난 지 한 달도 안 된 시기입니다. 담임선생님이 아이를 완전히 파악하기 짧은 시간입니다. 1학기 상담에서는 부모님이 더 많이 이야기합니다. 부모님이 아이에 관련된 정보를 제공하는 것입니다. 이때 가정 분위기, 아이의 건강 상태, 아이의 진로, 고민, 교우관계 등 선생님이 아이를 이해하는 데 도움이 되는 내용을 이야기하면 됩니다.

▎가정 분위기 미리 이야기하기

가정 분위기는 아이가 지금까지 어떻게 자랐는지 등을 알 수 있는 배경입니다. 가정 분위기를 알면 아이를 이해하는 데 노움이 됩니다. 그 외에 조심스럽지만 알아야 할 가정 형편이 있다면 이야기해주세요. 요즘에는 학교에서 가정 형편을 알 방법이 없습니다. 학교에 장학금이나 각종 행사 지원이 많이 오는데 가정 형편이 어려운 아이를 우선 선정하고자 하나 자료가 없습니다. 상담 때 귀띔해주면 이런 경우 그 아이를 추천할 수 있습니다.

그 외에 아이의 상황과 관련해서 알고 있어야 하는 것도 알려주세요. 아이들은 사춘기라 자존심에 서서 좋지 않은 일은 이야기하지 않아 알기 어려운 경우가 많습니다.

온라인 기간 중 아이가 수업에 참여하지 않아 부모님 중 한 분에게 전화를 드렸는데 받지 않았습니다. 그래서 다른 분께 전화를 드렸더니 같이 살고 있지 않다고 하며 자신에게 전화하지 말라고 하셨습니다. 죄송하다고 사과하고 끊었습니다. 끊고 나서도 한참 얼굴이 화끈거렸습니다.

개인정보가 중요하지만, 학급을 운영하다 보면 아이를 키우는 데 필요한 것들이 있는데 그런 것을 알 수 없어서 난감할 때가 있습니다. 위의 예는 극단적이긴 합니다. 그래도 상담할 때 미리 이야기해주면 지도에 도움이 됩니다. 물론 반드시 이야기할 필요는 없습니다. 또, 절대 그런 것들로 선입견을 품지 않으니 걱정하지 마세요.

▎학교생활에 필요한 내용은 모두 공유하기

아이의 건강상 주의해야 할 것도 이야기해주세요. 학기 초가 되면 알레르기 등 건강 상태를 조사하는 가정통신문이 나갑니다. 나중에 정리해서 받기는 하지만 보건 선생님이나 영양 선생님께 바로 제출하는 거라 담임선생님이 챙겨서 보기 힘듭니다. 상담할 때 알레르기나 병 이력, 심각한 부상 이력 등을 이야기해주면 학급을 관리할 때, 좀 더 꼼꼼하게 챙길 수 있습니다.

중학생들은 아직 진로가 결정되지 않은 경우가 많습니다. 만일 진로가 정해져 있고 그에 따른 로드맵이 있다면 그것도 이야기해주세요. 학교생활기록부를 기록할 때 그 부분을 조금 더 신경 쓸 수 있습니다. 진로가 없다고 해도 중학생 때는 진로를 탐색하는 시기이니 너무 걱정하지 마세요.

아이의 교우관계도 이야기하면 좋습니다. 아이가 교우관계로 힘들어했던 일이나 해결 과정에 관해 이야기하면 비슷한 일이 발생했을 때 더 유연하게 대처할 수 있습니다. 학교 폭력 등의 큰 문제는 반드시 이야기해야 합니다. 특히 학교 폭력과 관련된 아이가 같은 학교에 다닌다면 반드시 이야기해야 사고를 미연에 방지할 수 있습니다.

상담할 때, 아이의 모습을 있는 그대로 솔직하게 이야기해주세요. 특히 학교에서의 모습과 가정에서의 모습이 다를 수 있으므로 가정에서의 모습을 이야기하면 지도에 도움이 됩니다. 아이에 관해 이야기할 때 긍정적인 내용만 이야기하기보다는 부정적인 내용도 이야기해야 합니다. 그래야 학교에서도 그 부분을 좀 더 세심하게 지도할 수 있습니다.

그렇다고 아이의 단점을 지나치게 늘어놓다가 하소연으로 흘러가지 않도록 주의하세요. 아이의 장단점을 이야기하되, 최대한 객관적으로 의논합니다. 담임선생님은 학교에서 아이의 보호자입니다. 아이의 장단점에 대해 솔직하게 이야기해서 학교와 가정이 함께 아이의 긍정적인 면은 키우고 부정적인 면은 긍정적으로 바꾸도록 노력합니다.

▌2학기 상담 : 교사 주도

2학기는 아이의 학교생활을 지켜본 선생님이 학교에서의 아이 모습을 이야기하는 편입니다. 상담할 때 아이 학교생활을 들으면 됩니다. 사춘기가 시작되어서 학교에서의 모습과 집에서의 모습이 다를 수 있습니다. 집에서의 모습이 마음에 안 들더라도 학교에서 잘하고 있다면 걱정할 필요 없습니다. 상담 중 궁금한 점이 있다면 선생님에게 질문하면 2학기 상담은 원만히 잘할 수 있을 겁니다.

만일 구체적으로 선생님에게 걱정되는 점이나 의논할 부분이 있다면

2학기라 해도 꼭 이야기해주세요. 아이를 볼 때 그 부분을 유심히 살펴보고, 조금 더 적극적으로 대응해줄 수 있습니다. 최근 2학기 상담에서 한 부모님이 초등학교 때 친구들과 갈등이 있었던 이야기를 하시며 걱정하셨습니다. 지금 절친들이 있지만 불안해한다고요. 그 이후 해당 학생을 관찰하며 친구들과의 관계를 조금 더 유심히 보았습니다. 가끔은 모르는 척 말도 걸어주고요. 부모님이 구체적으로 이야기해주셨기에 좀 더 세심하게 살필 수 있었던 부분입니다.

(2) 학습 상담 요령

학습 상담은 학기를 구분할 필요 없습니다. 처음 질문할 것은 아이의 수업 태도입니다. 공부의 기본은 수업 태도입니다. 물론 담임선생님도 매시간 아이의 수업 태도를 알 수는 없습니다. 하지만 선생님들은 다년간 많은 아이를 봤기에 한두 시간의 수업 태도로 다른 수업 시간의 수업 태도도 짐작할 수 있습니다. 또 담임선생님 수업 시간이 아니라도 수업 태도가 눈에 띄는 아이의 이야기는 반드시 담임선생님의 귀에 들어갑니다.

가정에서 생각하는 학습 관련 내용,
가감 없이 전하기

아무래도 중학생부터는 학습이 중심이 되는 시기이기 때문에 학습에 관한 상담이 주가 됩니다. 1학년은 신입생이라 학습을 확인할 지표가 없고, 2학년은 지난 학년이 자유 학년이라 학습 정도를 확인할 지표가 없습니다. 진단고사를 치지만 기초 학습 이수 정도를 확인하는 것이라 학습 정도를 가늠할 수 있을 뿐입니다.

성적과 관련한 세부적인 상담은 2학년 1차 지필 평가를 치고 난 후가 좋습니다. 그 외의 기간에 상담한다면 부모님이 파악하고 있는 아이의 학습 정도를 이야기해주세요. 아이의 학습적인 면을 지도할 때 도움이 됩니다.

아이의 학습 시간, 학습 환경 등도 이야기하면 좋습니다. 아이가 생각하는 학습 시간이나 학습 태도와 부모님이 보는 학습 시간이나 학습 태도는 차이가 있을 수 있습니다. 아이와 부모님 양쪽 다 들어야 훨씬 객관적으로 판단할 수 있습니다. 그래도 부모님과 상담했던 내용이 있다면 학습 지도에 도움이 됩니다.

▍아이 진로에 관해 이야기하기

진로에 관해서 이야기해도 좋습니다. 특목고, 예술고, 인문계고, 특성화고 등 다양한 고등학교가 있습니다. 여러 고등학교 중 아이가 어떤 종류의 고등학교에 갈 것인지에 따라 중학교에서의 생활이 달라져야 합니다. 진로는 아이와 충분히 의논해야 합니다. 그 내용을 상담할 때 이야기하면 좋습니다. 고등학교 원서를 쓸 때 진로를 결정하기에는 너무 늦습니다.

아이에게 맞춰 진로를 정하고 그에 맞는 로드맵을 짜는 것은 부모님이 중심이 되어야 합니다. 아이를 가장 잘 아는 사람은 부모님입니다. 그 사람에 대해 가장 잘 아는 사람이 그 사람의 특성에 맞는 로드맵을 제대로 정할 수 있습니다. 부모님이 중심이 되어 아이의 적성에 맞는 진로를 찾고 로드맵을 계획해주세요. 아이를 지도할 때 부모님이 상담 시에 이야기한 진로와 로드맵이 큰 도움이 됩니다.

▍학교생활기록부 세특 강요 금지

만일 아이의 진로를 위해 학교생활기록부에 교과 세특(교과세부능력특기사항)이나 종합의견란에 해당 선생님의 견해가 필요하다면 '아이가 직접' 신생님께 '예의 바르게 부탁'합니다. 부모님이 상담 시에 학교생활기록부에 대해 언급을 하는 것은 권하지 않습니다. 아이가 부탁해도 들어주지 않을 수도 있습니다. 교과 세특은 과목 교사의 고유 권한이기 때문에 누군가가 강요할 수 없습니다. 담임선생님도 다른 과목 선생님에게 교과 세특을 강요할 수 없습니다. 담임선생님에게도 마찬가지입니다. 상담 때 로드맵을 이야기하면 최대한 아이를 돕기 위해 노력할 것입니다. 하지만 절대 학부모가 준비한 내용을 그대로 써달라거나 어떻게 써달라는 부탁은 안 됩니다.

중학교
학생 가이드

중학교
교무실 찾기

• • •

초등학교 때랑 가장 다른 것 중 하나가 교실에 담임선생님이 상주하지 않는 것입니다. 중학교 1학년 아이들은 아직도 담임선생님이 교실에 없는 것이 신기한 듯 자꾸 확인합니다. 중학생이 되어서 제일 좋은 것이 담임선생님이 교실에 안 계신 것이라는 아이도 있었습니다.

담임선생님들은 조회 시간과 종례 시간에 학급에 들어가는 것 외에는 수업 시간에 수업하는 과목 선생님일 뿐입니다. 아무래도 초등학교처럼 교실에 상주하지 않으니 학급을 관리할 시간이 부족합니다. 게다가 담임선생님들은 담임 업무와 학교 업무를 동시에 맡고 있어서 바쁩니다.

교실에는 수업 시간마다 다른 과목 선생님이 들어오시는데 수업 시간에는 수업하는 과목 선생님이 그 시간 동안 학급을 관리한다고 보면 됩니다. 담임선생님은 조·종례 시간에 아이들을 챙깁니다.

담임선생님은 교실이 아닌 학년 교무실에 있다

제 생각에 학교에서 담임선생님의 역할은 가정에서 엄마의 역할과 비슷한 것 같습니다. 엄마는 온종일 같이 있지 않더라도 지속적으로 아이를 챙깁니다. 담임선생님도 과목 선생님으로 수업하고, 반에 계속 있지 않아도 지속적으로 학급 아이들을 챙깁니다. 아이들도 엄마를 의지하듯 담임선생님을 의지합니다.

담임일 때와 비담임일 때, 학년 아이들에게 생기는 소속감이나 애정의 정도가 확실히 다릅니다. 담임선생님들은 '우리 반'이라고 칭하며 각자 자기 반에 애정을 쏟습니다. 담임선생님은 조회 시간과 종례 시간에 매일 아이들의 출결이나 학급 분위기 등을 관리합니다. 쉬는 시간에도 짬짬이 교실에 들러 학생들을 살피거나 교실을 단속합니다.

학교에서 학생에게 무슨 일이 생기면 제일 먼저 찾는 사람이 담임선생님입니다. 어떤 일로 학부모에게 연락하거나 그 외의 아이들과 관련된 대부분의 일은 담임선생님이 합니다. 담임선생님들이 교실에 상주하지는 않지만 보이지 않게 꾸준히 챙기고 있으니 걱정할 필요 없습니다.

요즈음 대부분의 학교가 학년 교무실을 사용합니다. 학년 교무실은 보통 해당 학년과 같은 층에 배치하여 최대한 가까운 곳에서 학생들을 관리하고 학년의 일을 효율적으로 처리합니다. 담임선생님을 찾기 위해서는 교실이 아닌 자기 학년의 학년 교무실을 찾아야 합니다.

▎과목별 선생님의 학습 방식에 적응하기

중학교 생활에서 중요한 것이 또 있습니다. 그것은 바로 과목 선생님과 관련된 것입니다. 중학교에는 과목이 많습니다. 초등학교와 다르게 과목 시간마다 다른 선생님이 들어옵니다. 국어 선생님, 영어 선생님, 수학 선생님, 역사 선생님, 기술·가정 선생님, 음악 선생님, 미술 선생님 등 과목마다 선생님이 다 다릅니다. 한 과목이라 해도 두 분이나 세 분이 나눠서 들어오기도 합니다. 국어 A 선생님, 국어 B 선생님은 두 분 다 1학년 국어를 가르치지만 다른 분입니다. 아이들의 입장에서 선생님 수가 과목 수보다 더 많을 수도 있습니다.

사람의 생김새나 성격이 똑같지 않듯이 선생님마다 수업 스타일도 다릅니다. 같은 학년의 같은 과목을 맡은 선생님들이라 해도 수업 내용을 똑같이 공유할 수는 없습니다. 대체로 수업 중 다룰 내용, 평가 방식 등의 큰 틀 정도를 의논합니다. 평가 때문에 같은 부분을 수업한다면 어떤 내용을 어떤 방식으로 똑같이 가르칠지 의논하지만 그렇지 않은 경우에는 각자 스타일을 존중하는 편입니다. 수업 방법은 선생님 스타일에 따라 조금씩 다를 수 있습니다. 과목마다 선생님이 다르니 가르치는 방법도 다릅니다.

중학교에 입학했을 때, 초등학교 때와 가장 큰 차이는 과목마다 선생님이 다르다는 것과 선생님 수가 많은 것이 아닐까 합니다.

과목 시간에 발생하는 일은
해당 과목 선생님과 해결한다

수업 시간은 그 과목 선생님의 책임하에 이루어집니다. 담임선생님도 과목 선생님으로서 수업하면서 일이 발생하면 처리하지만, 다른 수업 시간에 일어난 일은 누군가가 이야기해주지 않으면 알 수 없습니다.

과목 선생님들은 수업 시간이 자신의 책임이므로 소소한 것들은 대부분 직접 해결하고 나중에 결과만 간단히 담임선생님에게 알리곤 합니다. 만일, 꽤 큰일이 발생한다면 담임선생님에게 알리고 담임선생님과 함께 그 일을 처리합니다. 하지만 기본적으로 각 과목 시간에 있었던 일은 해당 과목 선생님과 학생이 해결합니다.

┃ 자신에게 일어나는 일은
┃ 되도록 스스로 처리한다

중학생은 어린이가 아니라 청소년이라고 불립니다. 자신에게 일어나는 일을 어느 정도 스스로 처리할 수 있는 능력이 있습니다. 그러니 궁금한 것이 있거나 어떤 문제가 발생했을 때, 부모님이 바로 학교에 전화하여 문의하기보다는 아이가 그 일을 직접 해결할 수 있게 믿고 기다려주세요. 아이가 먼저 해당 선생님께 문의하고 의논해서 문제를 해결하는 것이 최선입니다. 그것이 힘들거나 그 일이 해결되지 않으면 아이가 직접 담임선생님께 말씀드리게 하세요.

그렇게 해도 문제가 해결되지 않으면 부모님이 담임선생님이나 학교에 문의하는 것이 좋습니다. 생각보다 아이들은 의젓합니다. 아마 부모님이 생각하는 것보다 훨씬 더 잘 헤쳐나갈 것입니다.

인사 잘하기

. . .

학년 교무실에 있는데 노크도 없이 갑자기 문이 벌컥 열립니다. 누군가

머리를 쏙 내밀고

　"아무도 없네."

　하고 문을 닫고 나갑니다.

　"잠깐! 다시 들어오세요."

　하면 깜짝 놀라면서

　"네."

　하고 다시 들어옵니다.

　"선생님들 계시는데 노크도 없이 갑자기 교무실 문을 열고, 여기 선생

님들이 계신데 '아무도 없네'라는 말은 아니지. '안녕하세요? 선생님 누구인데 혹시 ○○ 선생님 계십니까?'하고 여쭤봐야 하지 않겠니?"

하면 그제야

"아, 죄송합니다."

라고 합니다.

"자, 다시 나가서 노크하고 들어오세요."

하면 문을 닫고 다시 노크하고 들어옵니다.

"선생님 안녕하세요? 저는 ○○인데 혹시 ○○ 선생님 계십니까?"

시키는 대로 합니다.

"안 계십니다. 나중에 다시 오겠어요?"

"네. 알겠습니다."

"나중에 올 때는 또 문 벌컥 열지 말고 꼭 방금처럼 하세요."

"네. 안녕히 계세요."

하고 문을 닫고 갑니다. 특별한 에피소드가 아니라 하루에 몇 번씩 겪는 일상적인 일입니다.

▎ 인사 잘하는 아이가 인상도 좋다

사람의 관계는 인사부터 시작됩니다. 어떤 사람이든 그 사람의 첫인상을 결정하는 것은 인사입니다. 인사만 잘해도 학교생활의 반은 성공이라고 할 수 있습니다. 인사는 유아들에게만 필요한 항목이 아닙니다. 제가 요즘 가르치는 단원과도 연결되는데, 우리가 언어생활을 할 때 서로 딱 필요한 내용만 주고받을 수는 없습니다. 그 말을 하기 전에 관계를 부드럽게 만들어주는 말이 필요합니다. 그것이 바로 인사말입니다.

인사도 마찬가지입니다. 처음 만났을 때 더 인상이 좋은 아이는 인사를 잘하는 아이입니다. 인사를 잘하는 아이는 다른 부분에서도 예의를 갖춰서 표현할 가능성이 큽니다. 인사를 할 때는 밝은 얼굴로 상대방을 바라보면서 해야 합니다. 인사는 선생님에게만 하는 것이 아닙니다. 친구들과도 인사합니다. 인사라는 것은 인간관계의 윤활유 같은 것이라 아무래도 웃으며 인사하는 아이들끼리 사이가 나쁘기 힘듭니다.

▌ 감사의 마음은 말로 표현하자

요즘 아이들은 개인주의적 성향이 강해져서인지 예전만큼 인사를 잘하지 않습니다. 친구들과 대화할 때도 앞뒤 다 자르고 바로 자신의 용건만 이야기하는 경우가 많습니다. 도움을 받아도 고맙다, 감사하다, 미안하다 등의 표현을 잘 하지 않습니다.

우리는 보통 엘리베이터를 타거나 어떤 공간에서 누군가와 마주치게 되면 처음 보는 사람에게도 인사를 하도록 가르칩니다. 하물며 자주 보는 사람과의 인사는 당연합니다. 이것은 기본예의와 연결됩니다. 친구와의 예의, 어른에 대한 예의, 선생님에 대한 예의는 인사에서 시작됩니다.

모든 아이가 그런 건 아니지만 많은 아이가 선생님에게 무언가를 받는 것을 당연하다고 여깁니다. 그래서 무언가를 받으면 "겨우 이거예요? 더 비싼 거 사주세요"라고 이야기하는 경우가 종종 있습니다. 당연히 마음으로는 더 좋은 것을 주고 싶지만 서른 명가량의 아이들에게 골고루 나눠주려면 마음을 써야 가능합니다.

생색을 내려고 하는 일은 아니지만, 마음을 쓴 일인데 "감사합니다"라고 말하면 더 잘해주고 싶은 마음이 듭니다. 물론 학교뿐만 아니라 어디서 누구에게나 마찬가지겠지요. 감사하는 마음을 갖게 하는 것도 중요한 예의입니다. 그리고 그 마음을 말로 표현해야 상대방이 그 마음을 알겠지요.

▎학교 어른들께 인사하기

중학교는 수업 시간마다 다른 과목 선생님들이 들어옵니다. 한 학년에 들어오는 선생님도 많은데 3개 학년에 수업하는 선생님의 수는 더 많습니다. 아이들이 모르는 선생님도 그만큼 많습니다. 교문 입구에는 지킴이 선생님이 계셔서 외부인의 출입을 엄격히 차단합니다. 그래서 아이들이 학교에서 만나는 어른은 외부인이 아니라 거의 학교 선생님이거나 학교에서 근무하는 분입니다.

선생님뿐 아니라 학교에서 만나는 어른들께도 공손하게 인사하는 것이 좋습니다. 급식을 만드는 조리사분들도 항상 맛있는 식사를 마련해주는 분들이니 급식을 먹을 때마다 감사의 인사를, 교문을 지키는 지킴이 선생님도 학교를 안전하게 지켜주는 분이니 등하교 때마다 감사의 인사를 한다면 그분들도 뿌듯한 마음으로 아이들을 더욱 잘 보살펴줄 것입니다.

인사는 생각보다 매우 중요합니다. 선생님들도 인사 잘하는 아이를 좋아합니다.

선생님이
좋아하는 학생

• • •

아이들은 항상 선생님들이 공부를 잘하는 아이를 좋아한다고 말합니다. 그 말을 들을 때마다 억울할 따름입니다. 사실은 전혀 그렇지 않습니다. 선생님들은 매일 백 명이 넘는 아이들을 만납니다. 만나는 모든 아이의 성적을 기억할 수 없습니다. 아이들도 어떤 과목은 잘하지만 어떤 과목은 못하기도 합니다.

학교의 성적 관련 시스템은 엄격합니다. 선생님들이 모든 학생의 성적을 볼 수 없습니다. 자신이 가르치는 과목 성적만 확인이 가능합니다. 심지어 자신이 가르치는 학년, 자신이 가르치는 과목이라도 수업을 들어가지 않는 반은 성적을 볼 수 없습니다. 그래서 국어는 잘하고 수학은 못하는 아이가 있으면 국어 선생님은 그 아이가 공부를 잘한다고 생각하고, 수학 선생님은 그 아이가 공부를 못한다고 생각할 것입니다. .

▎수업 시간에 집중하고 적극적인 학생

선생님들이 좋아하는 아이는 공부를 잘하는 아이가 아닙니다. 선생님들은 수업 시간에 집중하고 적극적으로 참여하는 아이를 좋아합니다. 대부분 선생님이 비슷하게 이야기합니다. 그런데 희한하게 수업 시간에 집중하고 적극적으로 참여하는 아이들은 공부를 잘하는 경우가 많습니다. 공부를 잘해서 수업 시간에 그 아이를 눈여겨보는 것이 아니라 수업 시간에 집중하고 잘 듣기 때문에 그 아이를 눈여겨보는 것입니다. 그래서 이런 오해가 생기는 것이 아닌가 합니다.

다시 말씀드리지만, 과목 선생님들은 아이들의 성적을 잘 모릅니다. 채점할 때도 이름 부분을 가리고 채점을 하기에 어떤 아이에게 점수를 더 주거나 덜 주거나 하는 일도 없습니다. 사실 채점하다 보면 채점 기준에 신경을 쓰느라 누구 시험지인지 알지도 못하는 경우가 더 많습니다. 나중에 성적 확인할 때나 되어야 '아, 저 아이가 수업 태도도 좋더니 공부도 잘하는구나!' 하고 알게 됩니다.

사실 아이들도 알고 있습니다. 자신들도 수업을 잘 듣는 아이가 공부도 잘하고, 선생님들이 좋아한다고 생각합니다. 그래서 처음 중학교에 입학하면 공부를 잘하고 싶은 마음에 수업을 열심히 들으려고 노력합니다. 수업 시간에 필기도 열심히 합니다. 훌륭한 모습입니다.

▌ 필기보다 중요한 수업 태도

수업 태도에 대해서도 생각해볼까요? 수업을 들을 때는 필기를 해야 합니다. 그런데 열심히 필기하다 보면 어느 순간, 선생님보다 공책이나 교과서만 보고 필기하는 경우가 많습니다.

필기보다 중요한 것이 수업 태도입니다. 좋은 수업 태도 중 하나가 선생님과의 눈 맞춤입니다. 학교에 입학하고 2~3주 정도 선생님과 눈을 맞추고 고개를 끄덕이면서 선생님께 집중하는 모습을 보이세요. 선생님들은 여러 반에 들어가기 때문에 모든 반 아이를 한꺼번에 기억할 수 없습니다. 그런데 선생님을 보면서 집중하고 반응하는 아이가 있으면 아무래도 그 아이에게 눈길이 갈 수밖에 없습니다. 눈길이 가면 이름도 기억합니다. 기억하는 이름을 한 번 더 부르는 것은 당연합니다.

초등학생 때 대답을 잘하던 아이들도 중학생이 되면 대답을 잘 하지 않습니다. 수업 시간도 의사소통 시간입니다. 의사소통은 말하는 사람과 듣는 사람 간에 서로 메시지를 주고받는 행위입니다. 이렇게 전달

되는 메시지에는 언어도 있지만, 표정이나 자세인 비언어도 포함됩니다. 선생님들이 수업할 때, 대답하거나 반응하는 학생을 보고 수업할 가능성이 큽니다. 자기도 모르게 반응하는 학생을 보며 수업합니다.

아무래도 수업은 열심히 듣는 학생의 눈높이로 진행될 가능성이 큽니다. 질문했을 때 반응하는 학생에게 맞춰서 수업 속도를 조절하게 됩니다. 필기를 열심히 하는 것도 중요하지만 수업을 잘 듣고 있다는 액션이 더 중요합니다.

선생님도 사람인지라 고개를 숙이고 눈을 마주치지 않는 학생보다 반응을 보이는 학생을 더 유심히 보게 되고, 이해가 되지 않는 것처럼 보이면 다시 설명하고, 이해가 쉽도록 예시도 더 많이 들어줍니다. 그 때문인지 이런 학생들의 성적이 좋은 경우가 많습니다. 학생들도 자신을 보면서 수업하는 선생님을 보면 열심히 할 수밖에 없습니다.

▌ 설명할 때는 설명에 집중하기

수업 시간 선생님과 눈을 맞추라는 말은 필기하지 말라는 말이 아닙니다. 필기 시간이 있으니 그때 필기할 부분은 필기하고, 선생님이 설명할 때는 선생님 말씀에 집중하며 반응하라는 것입니다. 꼼꼼하고 예쁘게 필기하려 애쓸 필요 없습니다. 알아볼 수 있을 정도면 됩니다. 그보다 선생님과 눈을 마주치고 눈짓이나 표정, 몸짓으로 선생님 말씀에 반응하세요.

집에 와서 오늘 들었던 수업의 필기를 정리하며 복습합니다. 집중해서 들었기 때문에 기억이 잘 날 것입니다. 이렇게 하면 그날 배운 것을 복습도 하고, 수업에도 집중할 수 있습니다.

수업 시간에 가장 중요한 건 수업 시간에 바르게 앉아 선생님과 눈 마주치고 집중하는 것입니다. 모르는 것이 생기면 표시해뒀다가 수업이 끝나고 쉬는 시간에 선생님께 질문하면 됩니다. 이런 아이들을 선생님은 좋아합니다.

시간 관리하기

· · ·

자기 주도적으로 공부하기 위해서 가장 먼저 해야 할 것은 주어진 시간을 잘 관리하는 것입니다. 자기주도학습을 위해서는 공부 시간을 확보해야 합니다.

중학생은 초등학생보다 시간이 부족합니다. 하교 시간이 초등학교 때보다 늦습니다. 하교 후 잠깐 쉬고 다시 학원에 갑니다. 학원 수업도 2~3시간 정도 이루어집니다. 학원에 다녀오면 저녁 식사 시간이거나 저녁 식사 시간이 지나 있고 학원 숙제를 하느라 밤늦게까지 공부합니다. 숙제가 끝나면 어느새 12시~새벽 1시입니다. 잘 시간입니다. 잘 시간까지 숙제를 다 못할 수도 있습니다. 보통의 중학생 일상입니다. 학원

유무나 종류에 따라 다를 수는 있으나 시간적 여유가 없는 건 다들 비슷합니다.

▌혼자 있는 시간 관리하기

시간을 효율적으로 사용하기 위해서는 시간 관리를 잘해야 합니다. 그렇지만 중학생에게는 어려운 일입니다. 아이들이 시간을 사용하는 것을 보면 문제점이 몇 가지 있습니다.

첫째, 자투리 시간을 흘려버립니다.

둘째, 하루를 계획 없이 보냅니다.

셋째, 해야 하는 일의 우선순위를 정하지 못합니다.

중학생 때는 이렇게 허투루 흘려버리는 시간을 관리하는 방법과 관리하는 능력을 익혀야 합니다. 중학생 때 시간 관리 방법을 익히고 시간 관리 능력을 키워야 고등학교 때 효율적으로 시간 관리를 할 수 있습니다.

그렇다면 중학생들의 시간은 어떻게 관리해야 할까요? 학교에 있는 동안은 시간을 관리하기 쉽지 않습니다. 언뜻 생각했을 땐 쉬는 시간도 있고, 점심시간 등의 시간을 활용할 수 있을 것 같지만 학교는 혼자 생활하는 공간이 아닙니다. 친구들과 단체생활을 하는 곳입니다. 사춘기인 중학생들은 대부분 친구 앞에서 샌님처럼 보이는 것을 싫어합니다.

학교 분위기에 따라 다르겠지만 중학생 대부분은 쉬는 시간에 공부하지 않습니다. 친구들과 놀면서 쉽니다. 많이 하면 학원 숙제 정도입니다. 다른 친구들은 놀고 있는데 혼자서 공부하거나 튀는 행동을 하면 친구들과 어울리기 힘듭니다. 친구들과 같이 있을 때는 같이 시간을 보내고 그 외의 시간을 관리하는 것이 좋습니다.

▎시간 관리를 위해 고려할 것

중학생들의 시간을 관리하기 위해 고려할 것이 있습니다.

첫째, 반드시 지금 해야 하는 일, 나중에 해도 되는 일, 할 필요 없는 일을 구별합니다.

둘째, 집중이 잘 되는 시간을 찾아 그 시간에 공부합니다.

셋째, 장기 계획을 세우고, 그 계획을 하루 분량으로 환산해서 계획을 세웁니다.

넷째, 공부 진행과 공부 시간을 꾸준히 점검합니다.

다섯째, 해야 할 과제와 계획을 미루지 않습니다.

여섯째, 학교나 학원에서 수업을 듣는 시간을 빼고 하루에 최소 3시간가량 혼자서 공부합니다.

일곱째, 수업 시간에 최대한 집중합니다.

여덟째, 기상 시간과 취침 시간을 일정하게 유지합니다.

▎ 스터디 플래너 활용하기

시간을 관리하기 위해서 스터디 플래너를 추천합니다. 최근 학생들이 제일 많이 사용하는 스터디 플래너는 '모트모트 플래너'입니다. 꼭 모트모트가 아니라도 됩니다. 시중에 스터디 플래너를 검색하면 다양한 곳에서 스터디 플래너가 나옵니다. 이 스터디 플래너들을 활용해보세요.

제가 스터디 플래너를 만들어서 아이들에게 나눠주기도 해봤는데 아이들을 관찰해보니 그보다 시중에 판매하는 스터디 플래너를 사용하는 편이 활용을 더 잘하는 것 같습니다. 스터디 플래너를 사지 않더라도 작은 수첩에 그날그날의 공부할 내용을 기록하고 체크해도 됩니다.

제시한 공부 계획표는 제가 만들어서 학생들에게 배부한 스터디 플래너입니다. 참고하시기 바랍니다.

_____ 의 공부 계획표

날짜 :		D-Day : D -
나의 결심 한마디 :		오늘 공부한 시간 :

과목	공부할 내용 (구체적으로 쓰세요) 예) 쎈수학 p.23~p.30 풀고 오답 노트하기	공부 체크	공부한 시간	짧은 반성

※ 매일 한 페이지입니다.
　시험 치기 전까지 매일 조회 시간에 어제 것 선생님께 검사받기
　(온라인 수업 때 한 것은 등교 수업 조회 때 다 걷습니다)

스터디 플래너를 사용하기 전에 생각해야 할 것이 몇 가지 있습니다.

우선 학교 수업, 학원 수업, 숙제 등 하루에 고정적으로 반드시 해야 하는 일의 시간을 먼저 계산합니다. 다음으로 식사, 수면 등 생활에 꼭 필요한 시간과 운동 등의 여가 시간도 계산합니다.

이렇게 반드시 포함되어야 하는 시간을 빼고 나서 자신에게 주어진 시간을 계산해봅니다. 그 시간에 맞추어서 공부 시간을 정합니다. 특히 학교나 학원 수업 등을 제외하고 혼자 공부하는 시간이 필요한데 중학생의 경우 학기 중 하루 평균 3시간 정도, 일주일에 평균 20시간 정도로 권장합니다.

계획을 짤 때는 월간 단위, 주간 단위, 일간 단위로 큰 기간에서 작은 기간으로 쪼개서 계획합니다. 월간 계획을 짤 때는 우선 큰 틀을 정합니다. 예를 들어 한 달 동안 영어 독해 문제집 한 권 풀기, 수학 1단원 다 하기 등으로 정합니다. 그리고 그것을 한 주에 얼마나 할 것인지 나눕니다. 한 주의 분량을 다시 하루의 분량으로 나눕니다.

하루 분량의 스터디 플래너를 쓸 때 대충 수학, 영어 이렇게 쓰는 것이 아니라 수학은 한 시간 동안 문제 몇 개 이상 풀기, 영어는 30분 동안 단어 몇 개 이상 외우기 등으로 구체적으로 계획을 세웁니다. 이렇게 해서 매일 공부할 양을 정하고 그 분량을 스터디 플래너에 기록해서 달성

여부를 매일 체크합니다. 그날의 기록에 따라 다음날의 계획을 조금씩 수정하면서 스터디 플래너를 사용합니다. 주말에는 여유를 두고 주간 계획을 제대로 이루지 못한 부분을 보완하는 시간을 갖습니다.

이렇게 시간을 관리하는 연습을 한다면 고등학생이 되었을 때 효율적으로 시간을 관리할 수 있을 것입니다.

체력 관리하기

. . .

이미 건강하고 어린 중학생에게 무슨 체력관리? 라고 할 수 있지만, 중학생 때부터 체력을 관리해야 합니다. 그래야 고등학교 생활을 건강하게 할 수 있습니다.

공부는 머리를 많이 써야 하는 일입니다. 머리를 쓰는 일은 생각보다 체력이 필요합니다. 그런데 대부분의 고등학생은 공부하느라 체력을 키울 시간을 내기 힘듭니다. 갑자기 체력이 좋아지지는 않습니다. 꾸준하게 키워야 합니다. 고등학생 때 공부를 하기 위해서 체력이 꼭 필요합니다.

매년 교육부에서 발표하는 학생건강검사 표본통계를 살펴보면 매년 키나 체중이 증가하는 등 체격은 좋아지고 있습니다. 하지만 주 3일 이상 격렬한 신체 활동 비율은 학년이 올라갈수록 낮게 나옵니다. 잘 먹어서 덩치는 커지지만, 운동량은 줄어든다는 뜻입니다. 운동량이 줄어들면 체력 저하로 이어질 수밖에 없습니다.

실제로 공부에 매진해야 하는 고등학교 2학년 말이나 3학년 초에 몸이 약해서 공부에 집중하지 못하는 경우가 많습니다. '건강한 체력에 건강한 정신'이라는 말은 아직도 유효합니다.

▎체력 관리 필수 조건 1 : 골고루 잘 먹기

체력을 키우기 위해서는 두 가지를 기억해야 합니다. 먹는 것과 운동입니다.

우선 골고루 먹어야 합니다. 대체로 아이들은 고기를 좋아합니다. 급식 메뉴를 볼 때 메인 메뉴에 무슨 고기가 나오는지를 체크하는 아이들도 있습니다. 그런데 급식을 먹을 때 고기만 먹고 그 외의 반찬들은 잘 먹지 않는 경우가 많습니다. 고기를 제외한 다른 반찬은 오롯이 버립니다. 많은 아이가 편식합니다.

요즘에는 인권 문제로 급식 지도를 할 수 없어서 선생님들도 강하게 말하지 못합니다. "골고루 먹어봐. 이것도 먹어보고"라고 권할 뿐입니다.

그래도 고기 외의 반찬은 대부분 버립니다. 사춘기 아이들에게 꼭 필요한 것이 고기라지만 고기만 먹을 수는 없습니다. 골고루 먹어야 합니다. 여러 음식을 골고루 먹어 여러 영양분을 골고루 섭취하도록 합니다.

인스턴트나 패스트푸드를 되도록 적게 먹게 해주세요. 편의점에서 라면 등의 먹을 것을 사 먹는 아이들이 많습니다. 가끔 먹는 것을 말릴 수는 없지만 자주 먹지 않도록 챙겨주세요.

▮ 체력 관리 필수 조건 2 : 규칙적인 운동

다음으로 운동을 해야 합니다. 공부할 시간도 부족한데 운동할 시간을 내기는 더 어렵습니다. 이 운동은 체력을 키우기 위한 것이지 체격을 키우기 위한 것이 아닙니다. 긴 시간 동안 힘들게 운동할 필요는 없습니다. 가벼운 운동으로 30분이면 충분합니다.

어떤 운동이든 좋아할 만한 종목으로 꾸준히 해주세요. 가벼운 줄넘기나 걷기, 달리기도 좋습니다. 대신 주 3회 이상 꾸준히 해야 합니다. 꾸준히 해서 익숙해지면 횟수나 시간을 늘리며 체력을 키워주세요. 체격이 커지는 만큼 체력을 키워야 고등학생이 되어서 공부를 위한 신체 준비가 됩니다. 이 체력이 고등학교 때 본격적으로 공부를 할 때 큰 힘이 됩니다.

다행히 중학교에서 신체 활동이 많이 필요하다는 것을 인지해서인지 스포츠클럽 등 체육 관련 활동이 많은 편입니다. 자유학기제를 운영할 경우 예술·체육 활동까지 포함해서 주 5일 내내 체육 관련 활동이 1시간 이상 있습니다. 자유학기제를 운영하지 않는 학년은 주 4일 정도 체육 및 관련 활동을 합니다. 체육 활동을 성실히 하면 따로 시간을 내지 않아도 체력을 키울 수 있습니다.

특히 코로나19 이전에는 쉬는 시간이나 점심시간에도 많은 아이가 밖에 나가서 다양한 활동을 했습니다. 하지만 코로나19 이후 방역 문제로 이런 여러 활동들을 자제하는 분위기가 되어 아이들이 신체 활동이나 운동을 할 수 있는 시간이 점점 줄어들고 있습니다. 반드시 신체 활동을 하는 시간을 확보해서 체력을 기르게 해야 합니다. 중학생 때 기른 체력과 건강이 고등학교 공부의 기초가 됩니다.

사교육
효과적으로 활용하기

• • •

아이가 공부할 때 사교육도 필요합니다. 사교육에 있는 친구의 말이 학원에서 수업할 때 한 반에 9명 이상의 학생은 받지 않는다고 합니다. 그이상이 되면 수업하면서 아이들이 한눈에 잡히지 않아 지도가 힘들다고 합니다. 7명 정도가 개별 지도까지 할 수 있어서 제일 선호한다고 합니다.

그런데 학교는 어떤가요? 제가 지금 근무하는 학교는 한 학급에 26명, 이전에 근무했던 학교는 한 학급에 32명이었습니다. 학원에서 수업하는 인원보다 약 4배 정도 많습니다. 아무래도 학교에서는 선생님이 관리해야 하는 아이의 수가 많아 개별 지도가 쉽지 않고 아이들의 집중도 더 떨어질 수밖에 없습니다. 이 상황에서도 집중해서 수업을 잘 따라오는 아이라면 아주 훌륭하게 공부를 잘하고 있다고 볼 수 있습니다.

▎수업을 잘 따라가지 못한다면 보완하기

아이가 학교에서 수업을 잘 따라가지 못할 수도 있습니다. 이때는 사교육으로 보완하는 것이 좋습니다. 중학교 공부는 초등학교 때보다 배우는 과목도 많아지고 깊이도 깊어져 혼자서 공부를 끌고 가기 힘든 경우가 많습니다. 그 때문인지 학원에 다니지 않는 중학생이 드물 정도입니다. 공부하고자 하는 의지는 있는데 어떻게 공부해야 할지 몰라 막막해한다면 사교육으로 보완을 하는 것도 방법입니다. 학원에 다니거나 과외를 하면서 부족한 부분을 메우고 공부를 하는 모습은 긍정적입니다.

그런데 아이들의 학교생활을 보면 과연 학원을 보내는 것이 도움이 되는가 의문스러울 때도 있습니다. 초등학교 때는 영어, 수학 학원만 다니던 아이들이 중학생이 되면서 과학, 국어학원까지 다니고, 학원 숙제에 떠밀려서 학교 수업을 듣는 척하면서 학원 숙제를 하는 아이들도 부지기수입니다. 국어 시간에 수학 숙제를 하고, 수학 시간에 영어 숙제를 하고 있기도 합니다.

학원에 다니는 목적은 대부분 학교 공부를 보완하고 시험을 잘 치기 위해서입니다. 그런데 그 중심이 되어야 할 학교 공부와 공부를 가르치고 시험문제를 내는 출제자의 직강을 포기하는 공부 방법은 결코 좋은 방법이 아닙니다.

사교육 전에 학교 수업과 스스로 공부하기부터

사교육을 이용하더라도 효과적으로 똑똑하게 이용해야 합니다. 사교육을 하기 전에 우선 학교 수업부터 제대로 들어야 합니다. 가장 기본은 학교 수업입니다. 선생님들은 수업 시간의 내용을 바탕으로 시험문제를 출제합니다. 내신 성적이 중요하다면 학교 수업을 제대로 듣고 필기를 꼼꼼하게 해야 합니다.

다음으로 스스로 공부하는 시간을 가져야 합니다. 스스로 공부를 한다는 것은 누군가의 강의를 듣거나 정리해놓은 것을 읽는 것이 아닙니다. 날 것 그대로의 교과서를 읽고 정리하는 것입니다. 글을 읽고 스스로 구조화시키고 요약하고 정리해야 메타인지가 키워집니다. 자기 주도적 학습 능력이 바로 이 메타인지를 키워 스스로 주도적으로 공부하는 것입니다.

▌학원 숙제는 반드시 집에서 한다

학원에 다니면 학원에서 숙제를 많이 내줍니다. 숙제로 거의 진도를 나가고 학원에서는 그것을 확인하고 체크해서 보완하며 수업을 운영하는 것 같습니다. 학원에 다니면 학원 숙제를 반드시 해야 합니다.

그런데 학원 숙제를 하는 시간이 문제입니다. 제일 좋은 것은 학원을 마치고 나서 그날 저녁에 숙제를 다 하는 것입니다. 하지만 숙제가 많으면 숙제를 다 하지 못하고 잘 수도 있습니다. 그러면 학교에 와서 수업 시간에 학원 숙제를 할 것이 아니라 하교 후나 조회 시간 등의 시간에 해야 합니다. 수업 시간에 수업도 제대로 듣지 않고 학원 숙제를 하는 것은 결코 사교육을 효과적으로 활용하는 것이 아닙니다.

▌주도적으로 사교육 활용하기

학원 등의 사교육을 이용할 때는 내가 아는 부분을 심화해서 배우거나 자신의 부족한 부분을 메우기 위한 목적으로 활용해야 합니다. 내가 필요하면 사교육을 주도적으로 활용해야지 사교육에 끌려가면 안 됩니다.

가능하다면 아이가 학원에 가기 전에 숙제를 다 했는지 확인해주세요. 숙제를 일일이 점검할 수 있으면 좋겠지만 그것이 힘들면 숙제했는지 확인만 해주세요. 또 한 학원을 꾸준히 다녀서 아이가 안정감을 느끼게 해주세요. 물론 다니기 전에 미리 알아보고 아이에게 맞는 학원을 선택해야 합니다.

학원을 보낸다고 무조건 학원을 믿지 말고 종종 학원 수업을 잘 따라가는지 확인해야 합니다. 6년 넘게 영어 학원에 성실하게 다녔는데 기초가 하나도 안 되어 있어 학교 영어 시험을 망친 아이도 있습니다. 아이의 평소 성실한 학습 태도를 보면 이해할 수 없는 일이었습니다. 부모님과 상담해보니 아이가 잘 다니기에 한 번도 과제를 확인하거나 어느 정도 수준인지 확인하지 않았다고 하셨습니다. 그야말로 학원을 다니기만 한 것입니다.

학원(학원이라 썼지만, 과외 등의 사교육을 모두 포함합니다) 등의 사교육은 분명 장점이 많습니다. 이 사교육을 주도적으로 잘 이용한다면 기대하는 성과를 거두리라 생각합니다.

부록.
고등학교 진학 가이드

. . .

입시까지 이어지는 중학 생활을 성실히 해내기 위해서는 고등학교에 대해 알아야 합니다. 2025년 이후 외고, 자사고가 폐지되어 달라지겠지만 현재의 고등학교 체제를 알아두면 진학 로드맵을 짜는 데 도움이 되리라 생각합니다.

고등학교는 크게 다음과 같이 나뉩니다.

1) 일반고

일반고는 특정 분야가 아닌 다양한 분야에 걸쳐 일반적인 교육을 시행하는, 다음의 고등학교에 해당하지 않는 고등학교를 말합니다.

2) 특수목적고

특목고라고도 합니다. 과학고, 외국어고·국제고, 예술고·체육고, 마이스터고가 특수목적고에 해당합니다.

3) 특성화고

특성화고는 소질과 적성 및 능력이 유사한 학생을 대상으로 특정 분야의 인재 양성을 목적으로 하는 교육 또는 자연 현장 실습 등 체험 위주의 교육을 전문적으로 실시하는 고등학교입니다.

4) 자율고

자율형 사립고, 자율형 공립고가 자율고에 해당합니다.

5) 기타

영재학교, 고등학교 학력 인정학교도 있습니다.

이 학교 중 아이의 진로와 장래 희망에 따라 전략적으로 고등학교를 선택합니다.

이 학교들은 전기와 후기로 나뉩니다. 전기는 원서를 먼저 쓰는 학교입니다. 예·체능계고, 특수목적고(외국어고, 국제고 제외), 특성화고,

일반고에 설치한 학과 중 교육감이 정하는 학과(개정 2017.12.19.)입니다. 후기는 전기 학교에 해당하지 않는 모든 고등학교 또는 학과(개정 2017.12.29.)입니다. 일반고, 외국어고, 국제고, 자율형 사립고, 자율형 공립고가 이에 해당합니다.

구분		분류
전기	특수목적고	과학고
		예술·체육고
		마이스터고
	특성화고 (고등학교 인정고 포함)	특정 분야 특성화고
		체험 위주 특성화고
후기	일반고(자공고 포함)	
	특수 목적고	외국어고
		국제고
	자사고	

* 영재학교는 1학기에 원서 접수를 실시하여 포함시키지 않았습니다.

• **영재학교**

타고난 잠재력 개발을 위해 「영재교육 진흥법」에 의거하여 특별한 교육이 필요한 영재를 대상으로 능력과 소질에 맞는 교육을 위해 설립된 고등학교 과정 이하의 학교입니다. 중학교 1학년부터 3학년까지 모두 지원이 가능하기 때문에 초등학생 때부터 준비하는 경우가 많습니다.

영재학교는 수학, 과학에 특별한 능력이 있는 아이들을 위한 학교라 이 두 과목에 특별히 관심이 많고, 특출한 재능이 있는 아이들에게 추천합니다. 모집은 전국 단위이며 추천 및 선정심사위원회의 심의를 거쳐 입학합니다. 일부 학교에서 사회통합전형을 시행하기도 합니다. 자세한 사항은 학교별 홈페이지를 참고합니다.

학교명	소재지	비고
경기과학고등학교	수원	3~4월부터(원서 접수 시작)~7월(합격자 발표) 1단계 : 서류 평가(자기소개서, 추천서, 생활기록부) 2단계 : 영재성 검사 3단계 : 영재 캠프 ※ 자세한 내용은 학교 홈페이지 참조
광주과학고등학교	광주	
대구과학고등학교	대구	
대전과학고등학교	대전	
서울과학고등학교	서울	
세종과학예술영재학교	세종	
인천과학예술영재학교	인천	
한국과학영재학교	부산	

· **과학고**

「초·중등교육법 시행령」에 의거하여 과학 인재 양성을 위해 전문적인 교육을 목적으로 하는 과학 계열 고등학교입니다. 과학고 역시 영재학교처럼 수학과 과학에 뛰어난 학생들이 지원하는데, 영재학교와 달리 중학교 3학년까지 졸업해야 입학이 가능합니다. 과학고는 성실하게 학교 공부를 열심히 하는 학생들에게 추천합니다. 과학고는 수학과 과학 성적이 A등급은 되어야 하며 수학, 과학 과목은 고등 과정까지 선행을 마무리하기를 추천합니다(이 부분은 영재학교도 마찬가지입니다). 또 각종 이론을 공부해야 하므로 영어도 필요한 자료를 읽을 수 있을 정도로 능수능란하면 좋습니다. 이 역시 미리 준비해야 하기에 초등학생 때부터 준비하는 경우가 많습니다. 늦어도 중학교 1학년부터는 시작하는 것이 좋습니다.

광역 단위 모집이며 자기주도학습 전형으로 선발하는데, 모집 정원의 20% 이상은 사회통합전형으로 선발합니다. 과학고에서 선발하는 자기주도학습전형은 자기주도학습 결과와 학습 잠재력을 중심으로 입학전형위원회에서 창의적이고 잠재력 있는 학생을 선발하는 고등학교 입학전형 방식입니다(외국어고, 국제고, 과학고, 자율형 사립고의 자기주도학습전형도 같습니다). 자기주도학습전형 선발 절차는 2단계로 진행되는데, 절차별 필요 서류, 선정 방법은 학교 홈페이지를 참고하세요. 사회통합전형은 사회적으로 보호하고 배려해야 할 대상자를 위한 전형으로 기회균등전형과 사회다양성전형으로 나뉩니다.

· **예술고**

「초·중등교육법 시행령」에 의거하여 문학, 음악, 미술, 무용, 연극, 영화 등 예술 실기 인재 양성을 목적으로 하는 고등학교입니다. 예술고는 각종 예술 실기를 잘하는 학생들을 위한 학교인데, 잘한다는 정도가 예술에 문외한인 사람조차도 듣고 봐도 눈에 띄게 잘하는 아이들이 주로 지원합니다. 예술고를 가는 아이들은 시도 대회 정도는 항상 1등을 하더군요. 예술 전공 학생들이 사용하는 악기나 물품들은 가격이나 가치가 대체로 어마어마합니다. 노력도 노력이지만 재능의 영향이 커서 어려서부터 재능을 발굴해서 끊임없이 키워온 경우가 많습니다.

모집은 전국 단위입니다. 일반입학전형은 내신, 면접, 실기 등으로 모집하고, 사회통합전형은 학교별로 별도로 문의해야 합니다.

• 마이스터고

「초·중등교육법 시행령」에 의거하여 유망 분야의 특화된 산업 수요와 연계하여 예비 마이스터(Young Meister)를 양성하는 고등학교입니다. 모집은 전국 단위로 내신, 면접, 실기 등을 보는 일반입학전형과 마이스터인재전형, 지역인재전형, 사회배려자전형, 학교장추천전형 등의 특별입학전형이 있습니다.

마이스터고는 협약 산업체와 공동으로 개발한 산업 수요 맞춤형 교육 과정을 운영하고 실무 외국어교육, 신학 연계 실습, 해외 산업체 연수 등 다양한 프로그램과 채용 약정반을 운영합니다. 학비가 무료이며 학급당 학생 수가 20명 내외로 전교생이 기숙사 생활을 합니다. 마이스터고는 입학시 성적이 꽤 높은 편입니다. 취업을 위한 교육이 우선이라 졸업하고 바로 취업을 생각하는 학생들에게 추천합니다. 학교가 굉장히 세부적으로 나눠져 있으니 적성과 관심사를 보고 결정하는 것이 좋습니다. 대체로 중3이 되어 진로를 결정하는 과정에서 마이스터고를 선택하는 경우가 많습니다. 직업을 확실히 준비하고 자격증을 따며 고등학교 시절을 보낸다는 점에서 안정된 미래를 준비하는 학생들에게 추천할 만합니다.

• 특성화고(고등학교 학력 인정고 포함)

학교별로 광역, 전국 단위로 모집합니다. 직업 특성화고와 대안 특성화고로 나뉩니다. 특성화고는 일반입학전형과 사회통합전형으로 모집하는데 일반입학전형은 내신, 면접, 실기 등을 실시하고 사회통합전형은 일부 학교에서 모집합니다. 많은 특성화고가 모교에 가서 홍보하도록 하는데 이 기회를 활용하면 좋습니다. 특성화고는 학교에 따라 전공도, 점수차도 크기 때문에 중3 때 졸업한 선배들이 방문했을 때, 학교의 분위기나 특징 등을 질문하며 자세히 알아보는 것이 좋습니다. 특성화고·마이스터고 포털 하이파이브에서 전국의 특성화고에 대한 정보도 찾을 수 있습니다. www.hifive.go.kr

고등학교 학력 인정학교도 있는데, 이는 졸업을 할 경우 고등학교의 학력을 인정하는 학교입니다. 다만, 꼭 졸업을 해야 고등학교 학력을 인정받습니다. 중간에 퇴학하게 되면 고등 중퇴가 아니라 중졸 학력만 인정된다는 것을 기억해두세요.

• 외국어고

「초·중등교육법 시행령」에 의거하여 외국어에 능숙한 인재 양성을 위한 외국어 계열의 고등학교입니다. 영재학교나 과학고가 수학, 과학을 좋아하고 잘하는 아이들을 위한 학교라면 외국어고는 외국어를 좋아하고 잘하는 아이들을 위한 학교입니다. 외국의 언어를 좋아하고 즐기는 학생들에게 추천할 만합니다. 외국어고도 늦어도 중학교 1학년 때부터 준비하는 것이 좋습니다.

모집은 광역 단위로, 자기주도학습전형으로 선발하는 일반입학전형과 사회통합전형으로 선발합니다. 사회통합전형은 모집 정원의 20% 이상을 모집합니다. 외국어고 지원자는 평준화 지역 학군(학군 내 학교장 전형 학교 제외)에 동시 지원할 수 있습니다. 이때 1지망은 외국어고를 지원하고 2지망부터 일반 지원자와 동일하게 복수 지원합니다.

• 국제고

「초·중등교육법 시행령」에 의거하여 국제 정치 및 외교 분야 전문 인재 양성을 목적으로 하는 고등학교입니다. 국제고는 외국어고와 비슷하지만 목적이 달라 외국어를 도구로 해서 국제적인 일을 하고자 하는 학생들에게 추천합니다. 외국어도 중요하지만 그보다 국제 정세나 국제간 관계 등에 관심이 있어야 하며 초등학교 때부터 준비하는 경우가 많은 편입니다.

모집은 광역 단위로 하는데 국제고가 없는 지역에서는 타지역의 국제고로 지원할 수 있습니다. 자기주도학습전형으로 일반입학전형을 모집하고 모집 정원의 20% 이상은 사회통합전형으로 모집합니다.

· 자율형 사립고등학교(자사고)

「초·중등교육법」, 「초·중등교육법 시행령」에 의거하여 학교의 건학이념에 따라 교육과정 및 학사 운영 등을 자율적으로 운영할 수 있도록 지정·고시된 고등학교입니다. 자사고는 학교별로 전국 단위 모집도 있고, 시도 단위 모집도 있습니다. 하나고, 용인외대부고, 북일고, 김천고, 포항제철고, 광양제철고, 인천하늘고, 현대청운고, 민족사관고가 전국 단위 모집이며 이를 제외한 나머지 학교가 시도 단위 모집입니다. 일반입학전형은 자기주도학습전형 선발을 원칙(민족사관고는 학교 자체 방식으로 선발합니다)으로 하며 모집 정원의 20% 이상을 사회통합전형으로 선발합니다(상산고, 포항제철고, 현대청운고, 광양제철고는 10% 이상을 선발합니다).

• 일반고(자율형 공립고 포함)

특정 분야가 아닌 다양한 분야에 걸쳐 일반적인 교육을 시행하는 고등학교입니다. 우리가 흔히 이야기하는 인문계 고등학교가 바로 일반고입니다. 대부분 학생은 일반고에 진학합니다. 3학년 담임을 하며 학생들을 진학시켜 보면 학급의 60% 이상이 일반고에 진학합니다. 그만큼 가장 많은 학생이 진학하는 학교가 일반고입니다. 지역별로 평준화 지역인 곳도 있고, 비평준화 지역인 곳도 있습니다. 자신이 사는 지역이 어떤지를 보고 학교를 지원하면 됩니다.

자율형 공립고(자공고)는 외고, 특목고, 과학고에 대응하는 공교육 모델을 목표로 만들어진 학교로, 지역 및 계층 간 교육 격차 완화에 기여해왔지만 일반고와의 차별성이 미미해 2020년부터 점차 일반고로 전환하는 것이 결정되었습니다. 이에 따라 전국 107개의 자율형 공립고가 순차적으로 일반고로 전환 수순을 밟고 있습니다.